数 据 科 学 与 工 程 技 术 丛 书

PRACTICAL DATA SCIENCE WITH HADOOP AND SPARK
DESIGNING AND BUILDING
EFFECTIVE ANALYTICS AT SCALE

数据科学
与大数据技术导论

[美]　奥弗·曼德勒维奇（Ofer Mendelevitch）
　　　凯西·斯特拉（Casey Stella）　　　著
　　　道格拉斯·伊德理恩（Douglas Eadline）

唐金川 译

机械工业出版社
China Machine Press

图书在版编目（CIP）数据

数据科学与大数据技术导论 /（美）奥弗·曼德勒维奇（Ofer Mendelevitch）等著；唐金川译 . —北京：机械工业出版社，2018.6（2019.1 重印）
（数据科学与工程技术丛书）
书名原文：Practical Data Science with Hadoop and Spark: Designing and Building Effective Analytics at Scale

ISBN 978-7-111-60034-3

I. 数… II. ① 奥… ② 唐… III. 数据处理 IV. TP274

中国版本图书馆 CIP 数据核字（2018）第 110207 号

本书版权登记号：图字 01-2017-0908

本书由 3 位资深数据科学家合作撰写，非常适合用来入门数据科学。全书共分三部分，12 章。第一部分（第 1～3 章）概述了数据科学及其历史演变，Hadoop 及其演进史，以及 Hadoop 生态系统中的各种工具；第二部分（第 4～6 章）讨论了将数据集从外部源导入 Hadoop 的各种工具和技术，使用 Hadoop 进行数据再加工，以及大数据的可视化；第三部分（第 7～12 章）介绍了对机器学习的高层次理解，预测建模的基本算法和各种 Hadoop 工具，各种聚类分析，异常检测的各种方法和算法，将数据科学应用于自然语言处理，以及 Hadoop 环境下数据科学的未来。

本书可作为高等院校数据科学专业相关课程的参考教材，也可供数据科学家、数据工程师、开发人员和项目利益相关者参考使用。

出版发行：机械工业出版社（北京市西城区百万庄大街 22 号 邮政编码：100037）
责任编辑：郎亚妹   责任校对：殷 虹
印　　刷：中国电影出版社印刷厂   版　　次：2019 年 1 月第 1 版第 2 次印刷
开　　本：185mm×260mm 1/16   印　　张：12
书　　号：ISBN 978-7-111-60034-3   定　　价：59.00 元

凡购本书，如有缺页、倒页、脱页，由本社发行部调换
客服热线：（010）88378991 88361066   投稿热线：（010）88379604
购书热线：（010）68326294 88379649 68995259   读者信箱：hzjsj@hzbook.com

译 者 序

互联网，特别是移动互联网的发展，催生了海量的数据（如用户的行为数据、博文、照片、视频等），"大数据"概念应运而生。早些年提出的"数据挖掘""机器学习"以及如今火热的"人工智能"，都致力于让这些"大数据"发挥越来越大的价值。

让大数据发挥巨大潜力的职位，国外更多叫作"数据科学家"，而国内则更多地细分为数据工程师、数据挖掘工程师、机器学习工程师，抑或泛称算法工程师。虽然各个公司技术栈不尽相同，但 Hadoop 与 Spark 的使用颇为广泛。

本书囊括的内容为 Hadoop 及 Spark 应用方面的从业者提供了比较全面的入门指南。全书分为三部分。

第一部分：数据科学概述及实例介绍，Hadoop 生态环境及相关工具介绍。

第二部分：数据的获取、存储、再加工、探索和可视化。

第三部分：应用数据，内容包括机器学习、预测模型、聚类、异常检测和 NLP。

本书所涵盖的内容有助于读者具备数据科学家的能力。在阅读过程中，如果对某些部分或章节已经了然于胸，则可跳过进而阅读后续内容。本书的不同章节，也可作为专项实践能力锻炼时的参考资料。

此书付梓之际，非常感谢吴怡、关敏两位编辑的指导和督促，也衷心感激爱妻李珂欣在我翻译期间给予我鼓励、体谅和帮助。

书中不少英文术语，国内业界人士也惯用英文，而对应的中文翻译则未形成统一的规范。例如"true negative"一词，"真负"和"真阴"的译法都有。原书作者英文表达行云流水，措辞变换也颇为丰富，本人英文才疏，翻译过程中未必能尽达作者之意。凡此种种都增添了翻译的难度。此书又是本人第一本译作，虽经反复校对，但也不免有疏漏、错误之处。在此，热切欢迎广大读者不吝指正。

唐金川

于 2018 年清明前夜

序

过去 5 年来，Hadoop 和数据科学分别受到追捧。然而，很少有出版物试图将两者结合在一起，即在 Hadoop 环境下讲授数据科学。对于既想入门数据科学又想用 Hadoop 及相关工具解决大规模数据问题的从业者来说，本书将是一个很好的资源。

数据科学涉及的主题包括数据摄取、数据再加工（data munging，通常包含数据清洗和整合）、特征提取、机器学习、预测建模、异常检测和自然语言处理。Hadoop、Spark 以及 Hadoop 生态系统的其他模块为前面这些主题提供了良好的实现用例。它们都是值得选择的平台。数据科学覆盖范围广泛，为此，本书提供具体示例，以帮助工程师解决实际工作中的问题。对于已经熟悉数据科学的读者而言，如果希望掌握超大数据集和 Hadoop 的相关技能，本书也是一块很好的敲门砖。

本书侧重于具体的例子，并通过不同方式来提供对业务价值的洞察。第 5 章提供了特别实用的实例：使用 Hadoop 准备大型数据集，用于常见机器学习和数据科学任务。第 10 章是关于异常检测的，对于重要的大型数据集的监控和报警特别有用。第 11 章是关于自然语言处理的，想研究聊天机器人的读者会比较感兴趣。

Ofer Mendelevitch 是 Lendup 公司的数据科学副总裁，他之前是 Hortonworks 的数据科学总监。在数据科学和 Hadoop 结合的本书中，还有其他几位重要作者。与 Ofer 一起参与本书写作的还有其前同事、Hortonworks 的首席数据科学家 Casey Stella。在这些数据科学和 Hadoop 专家中还有 Douglas Eadline，他也是 Addison-Wesley 的数据和分析系列图书《Hadoop Fundamentals Live Lessons》《Apache Hadoop 2 Quick-Start Guide》和《Apache Hadoop YARN》的贡献者。总的来说，这个作者团队有超过十年的 Hadoop 经验。能有如此丰富的数据科学和 Hadoop 经验的人屈指可数。

本书能加入数据和分析系列图书中令人欣喜。在产品系统中针对大规模数据集创建数据科学解决方案是一种必备技能。本书将助你在部署和执行大规模数据科学解决方案时游刃有余。

Paul Dix
图书系列编辑

前　　言

数据科学和机器学习作为许多创新技术和产品的核心，预计在可预见的未来将继续颠覆全球许多行业和商业模式。早几年，这些创新大多受限于数据的可用性。

随着 Apache Hadoop 的引入，所有这一切都发生了变化。Hadoop 提供了一个平台，可以廉价且大规模地存储、管理和处理大型数据集，从而使大数据集的数据科学分析变得实际可行。在这个大规模数据深层分析的新世界，数据科学是核心竞争力，它使公司或组织得以超越传统的商业模式，并在竞争和创新方面保持优势。在 Hortonworks 工作期间，我们有机会看到各种公司和组织如何利用这些新的机会，帮助它们使用 Hadoop 和 Spark 进行规模化数据科学实现。在本书中，我们想分享一些这样的经验。

另外值得强调的是，Apache Hadoop 已经从早期的初始形态演变成整体强大的MapReduce 引擎（Hadoop 版本 1），再到目前可运行在 YARN 上的多功能数据分析平台（Hadoop 版本 2）。目前 Hadoop 不仅支持 MapReduce，还支持 Tez 和 Spark 作为处理引擎。当前版本的 Hadoop 为许多数据科学应用程序提供了一个强大而高效的平台，并为以前不可想象的新业务开辟了大有可为的新天地。

本书重点

本书着重于在 Hadoop 和 Spark 环境中数据科学的实际应用。由于数据科学的范围非常广泛，而且其中的每一个主题都是深入且复杂的，所以全面阐述数据科学极其困难。为此，我们尝试在每个用例中覆盖理论并在实际实现时辅以样例，以期在理论和实践之间达到平衡。

本书的目的不是深入了解每个机器学习或统计学方法的诸多数学细节，而是提供重要概念的高级描述以及在业务问题背景下践行的指导原则。我们提供了一些参考文献，这些参考文献对书中技术的数学细节进行了更深入的介绍，附录 C 中还提供了相关资源列表。

在学习 Hadoop 时，访问 Hadoop 集群环境可能会成为一个问题。找到一种有效的方式来"把玩"Hadoop 和 Spark 对有些人来说可能是一个挑战。如果要搭建最基础的环境，建议使用 Hortonworks 虚拟机上的沙箱（sandbox），以便轻松开始使用 Hadoop。沙箱是在虚拟机内部可运行的完整的单节点 Hadoop。虚拟机可以在 Windows、Mac OS 和 Linux 下运行。有关如何下载和安装沙箱的更多信息，请参阅 http://hortonworks.com/products/sandbox。有关 Hadoop 的进一步帮助信息，建议阅读《Hadoop 2 Quick-Start Guide: Learn the Essentials of Big Data Computation in the Apache Hadoop 2 Ecosystem》一书并查看相关视频，在附录 C 中也可以找到这些信息。

谁应该读这本书

本书面向那些有兴趣了解数据科学且有意涉猎大规模数据集下的应用的读者。如果读者想要更多地了解如何实现各种用例，找到最适合的工具和常见架构，本书也提供了强大的技术基础。本书还提供了一个业务驱动的观点，即何时何地在大型数据集上应用数据科学更有利，这可以帮助利益相关者了解自己的公司能产生什么样的价值，以及在何处投资资源来进行大规模机器学习。

本书需要读者有一定的经验。对于不熟悉数据科学的人来说，需要一些基本知识以了解不同的方法，包括统计概念（如均值和标准差），也需要一些编程背景（主要是 Python，一点点 Java 或 Scala）以理解书中的例子。

对于有数据科学背景的人员，可能会碰到一些如熟悉众多 Apache 项目的实际问题，但是大体上应该对书中的内容游刃有余。此外，所有示例都是基于文本的，并且需要熟悉 Linux 命令行。需要特别注意的是，我们没有使用（或测试）Windows 环境的示例。但是，没有理由假定它们不会在其他环境中正常运行（Hortonworks 支持 Windows）。

在具体的 Hadoop 环境方面，所有示例和代码都是在 Hortonworks HDP Linux Hadoop 版本（笔记本电脑或集群都适用）下运行的。开发环境在发布版本（Cloudera、MapR、Apache Source）或操作系统（Windows）上可能有所不同。但是，所有这些工具在两种环境中都可使用。

如何使用本书

本书有几种不同类型的读者：
- ❏ 数据科学家
- ❏ 开发人员 / 数据工程师
- ❏ 商业利益相关者

虽然这些想参与 Hadoop 分析的读者具有不同背景，但他们的目标肯定是相同的：使用 Hadoop 和 Spark 处理大规模的数据分析。为此，我们设计了后续章节，以满足所有读者的需求。因此，对于在某领域具有良好实践经验的读者，可以选择跳过相应的章节。最后，我们也希望新手读者将本书作为理解规模化的数据科学的第一步。我们相信，即使你看得一头雾水，书中的例子也是有价值的。可以参考后面的背景材料来加深理解。

第一部分包括前 3 章。

第 1 章概述了数据科学及其历史演变，阐述了常见的数据科学家成长之路。对于那些不熟悉数据科学的人，该章将帮助你了解为什么数据科学会发展成为一个强大的学科，并深入探讨数据科学家是如何设计和优化项目的。该章还会讨论是什么造就了数据科学家，以及如何规划这个方向的职业发展。

第 2 章概述了业务用例如何受现代数据流量、多样性和速度的影响，并涵盖了一些现实的数据科学用例，以帮助读者了解其在各个行业和各种应用中的优势。

第 3 章快速概述了 Hadoop 及其演变历史，以及 Hadoop 生态系统中的各种工具等。对于第一次使用 Hadoop 的用户，该章可能有点难以理解。该章引入了许多新概念，包括 Hadoop 文件系统（HDFS）、MapReduce、Hadoop 资源管理器（YARN）和 Spark。虽然 Hadoop 生态系统的子项目（有些子项目名称比较奇怪）的数量看起来令人生畏，但并不是每个项目都在同一时间使用，而后续章节中的应用通常仅仅集中在其中一小部分工具上。

第二部分包括接下来的 3 章。

第 4 章重点介绍数据摄取，讨论将数据集从外部源导入 Hadoop 的各种工具和技术，这对后续章节很有用。我们从描述 Hadoop 数据湖（data lake）概念开始，介绍了 Hadoop 平台可以使用的各种数据。数据摄取主要使用两个更受欢迎的 Hadoop 工具：Hive 和 Spark。该章重点介绍代码和实操解决方案，如果你是 Hadoop 的新手，可以参考附录 B，以便快速了解 HDFS 文件系统。

第 5 章重点介绍如何使用 Hadoop 进行数据再加工：如何识别和处理数据质量问题，如何预处理数据并进行建模准备。该章将介绍数据的完整性、有效性、一致性、及时性和准确性的概念，接着提供实际数据集的特征生成示例。该章对所有类型的后续分析都是有用的，与第 4 章一样，该章是后续章节中提到的许多技术的铺垫。

数据再加工过程中的一个重要工具就是可视化。第 6 章讨论了使用大数据进行可视化的意义。该章作为背景有助于加强对数据可视化背后一些基本概念的理解。该章中提供的图表是使用 R 生成的。所有图表的源代码都可用，因此读者可以使用自己的数据来尝试生成这些图表。

第三部分包括后 6 章。

第 7 章概述了机器学习，涵盖了机器学习的主要任务（如分类和回归、聚类和异常检测）。对于每个任务类型，我们会探究问题实质并找出解决问题的主要方法。

第 8 章讨论了预测建模的基本算法和各种 Hadoop 工具。该章包括使用 Hive 和 Spark 构建 Twitter 文本情感分析预测模型的端到端示例。

第 9 章深入讲解聚类分析，这也是数据科学中非常普遍的技术。该章介绍了各种聚类技术和相似度计算技术，这些功能都是聚类的核心。随后，该章展示了使用 Hadoop 和 Spark 在大型文档语料库上使用主题模型建模的实例。

第 10 章讨论异常检测，描述了各种方法和算法，以及如何对各种数据集执行大规模异常检测。然后展示了如何使用 Spark 为 KDD99 数据集构建异常检测系统。

第 11 章介绍了使用一套通常称为自然语言处理（NLP）的技术将数据科学应用于人类语言的特定领域。该章谈及 NLP 的各种方法、在各种 NLP 任务中有效的开源工具，以及如何使用 Hadoop、Pig 和 Spark 将 NLP 应用于大规模语料库。该章用一个端到端的例子展示了在 Spark 中使用 NLP 进行情感分析的高级方法。

第 12 章讨论了 Hadoop 环境下数据科学的未来，涵盖了高级数据发现技术和深入学习。

可参阅附录 A，以查看本书相关网页（网页提供了问题和答案论坛）和代码库。如前所述，附录 B 提供了新用户快速入门 HDFS 的基本方法，附录 C 提供了深入学习 Hadoop、Spark、HDFS、机器学习等许多主题的参考文献。

致　谢

本书中的一些图表和例子来源于以下网站：雅虎（yahoo.com）、Apache 软件基金会（http://www.apache.org）和 Hortonworks（http://hortonworks.com）。任何复制内容都已经过作者的许可或者根据公开分享许可协议可用。

许多人在幕后工作才使这本书得以出版。感谢花时间仔细阅读初稿的审稿人：Fabricio Cannini、Brian D. Davison、Mark Fenner、Sylvain Jaume、Joshua Mora、Wendell Smith 和 John Wilson。

Ofer Mendelevitch

我想感谢 Jeff Needham 和 Ron Lee，是他们鼓励我开始写这本书的。Hortonworks 公司的许多人给了很多建设性的反馈和建议：John Wilson 提供了很有建设性的反馈和行业视角，Debra Williams Cauley 提供了愿景和支持。最后必须要说的是，我美丽的妻子 Noa 一路鼓舞和支持我，我的儿子 Daniel 和 Jordan 也让我觉得辛苦是值得的。如果没有他们给予的爱和鼓舞，此书将难以付梓。

Casey Stella

我要感谢我颇具耐心的爱妻 Leah，以及孩子 William 和 Sylvia，没有他们我不会有时间投入到这样一个耗时也如此有益的事情上来。我要感谢我的母亲和祖母，是她们的谆谆教诲使我至今拥有钟爱学习的良好品质。我还要感谢路易斯安那州的纳税人给我提供机会以接受大学教育，并能接触到图书馆、公共广播和电视资源。没有这些，我就没有如今的能力、学识和勇气。最后，我还要感谢 Addison-Wesley 的 Debra Williams Cauley，他在整个过程中偏好使用胡萝卜而不是大棒。

Douglas Eadline

感谢 Addison-Wesley 的 Debra Williams Cauley，感谢他的辛勤努力，他在 GCT 牡蛎酒吧的办公室使本书写作过程特别放松。感谢我的后勤团 Emily、Carla 和 Taylor，这是另外一本你们一无所知的书。当然，我不能忘记我的办公室伙伴，Marlee 和另外两个男孩。最后，感谢我的贤妻 Maddy 持续不断的支持。

关 于 作 者

Ofer Mendelevitch 是 Lendup 公司的数据科学副总裁，领导 Lendup 的机器学习和高级分析小组。在加入 Lendup 之前，Ofer 是 Hortonworks 的数据科学总监，负责帮助 Hortonwork 的客户使用 Hadoop 和 Spark 将数据科学应用于医疗保健、金融、零售和其他行业。在 Hortonworks 之前，Ofer 曾先后是 XSeed Capital 的驻场企业家、Nor1 的工程副总裁、雅虎的工程总监。

Casey Stella 是 Hortonworks 的首席数据科学家。Hortonworks 提供了一个开源的 Hadoop 版本。Casey 的主要职责是领导开源的 Apache Metron 网络安全项目的分析和数据科学团队。在 Hortonworks 之前，Casey 是 Explorys 公司的架构师，该公司是克利夫兰诊所的一家医疗信息创业公司。更早时，Casey 曾是 Oracle 的开发人员、ION 地球物理研究所的地球物理学专家，并在德州农工大学获得数学学士学位。

Douglas Eadline 博士最初是一名分析化学家，并对计算机方法感兴趣。Douglas 从第一个 Beowulf 的入门文档开始，撰写了数百篇文章、白皮书和教学文件，涵盖了高性能计算（HPC）和 Hadoop 计算的各个方面。在 2005 年创立并编辑流行的 ClusterMonkey. net 网站之前，他曾担任《ClusterWorld Magazine》的主编，并且是《Linux Magazine》高性能计算的资深编辑。他在高性能计算和 Apache Hadoop 的许多方面具有实践经验，包括硬件和软件设计、基准测试、存储、GPU、云计算和并行计算。目前，他是高性能计算和分析行业的作家兼顾问，也是 Limulus Personal Cluster 项目的负责人（http://limulus. basement-supercomputing.com）。他是 Pearson 出版的《Hadoop Fundamentals LiveLessons》和《Apache Hadoop YARN Fundamentals LiveLessons》视频的作者，Addison-Wesley 出版的《Apache Hadoop YARN: Moving beyond MapReduce and Batch Processing with Apache Hadoop 2》的联合作者，Addison-Wesley 出版的《Hadoop 2 Quick Start Guide: Learn the Essentials of Big Data Computing in the Apache Hadoop 2 Ecosystem》和《High Performance Computing for Dummies》的作者。

目　　录

第一部分

Hadoop 中的数据科学概览

第 1 章
数据科学概述

我一直认为，未来十年最性感的职业将是统计学家；此非戏言。

——Hal Varian，谷歌首席经济学家

本章将介绍：

❑ 数据科学定义及其演进历史
❑ 数据科学家的成长之路
❑ 数据科学团队的组建
❑ 数据科学项目的生命周期
❑ 数据科学项目的管理

近来，数据科学几乎已成为所有数据驱动公司的常见话题。乘着"大数据"的东风，"数据科学"的热度也以令人难以置信的速度飙升。

那么数据科学究竟是什么？为什么它突然变得如此重要呢？

在本章中，我们会从从业者的角度来介绍数据科学，解释相关术语，并阐述数据科学家在大数据时代所扮演的角色。

1.1 数据科学究竟是什么

如果在谷歌或微软必应上搜索"数据科学"一词，那么会看到众说纷纭的定义或解释。大家对这个词的定义似乎并未达成明确的共识，而对于该词何时诞生就更难达成一致了。

本节我们不会重述这些定义，也不会尝试选择我们认为最正确或最准确的定义。相反，我们会从从业者的角度，给出我们自己的定义：

数据科学是通过科学的方法探索数据，以发现有价值的洞察，并在业务环境中运用这些有价值的洞察来构建软件系统。

这个定义强调了两个关键方面。

首先，数据科学是指用科学的方法来探索数据。换言之，需要经过一个探索的过程，即"提问 – 假设 – 实现 / 测试 – 评估"；这在许多方面与其他科学发现相似。

这个迭代过程如图 1.1 所示。

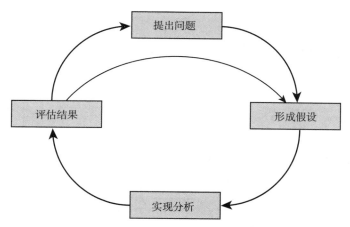

图 1.1　数据科学探索的迭代过程

数据科学的迭代性至关重要，正如后文所述，它会很大程度上影响我们在数据科学项目中的规划、评估和执行。

其次，并且同等重要的是，数据科学涉及软件系统的实现，该系统使技术或算法的输出可用，并可立即应用到日常运营中适当的业务里。

1.2　示例：搜索广告

在线搜索引擎（如谷歌或微软必应）通过在搜索结果页面提供广告投放机会来盈利，我们常称之为搜索广告。例如，如果搜索 "digital camera"（数码相机），搜索结果通常将包括很多信息链接和单独标记的广告链接（有些甚至包含本地商店的具体地址）。图 1.2 提供了一个常见示例。

在线广告提供商所产生的营收，取决于广告系统为搜索查询提供相关广告的能力；而广告系统也依赖于预测所有潜在 <ad, query>（<广告，查询 >）组合的点击率（Click-Through-Rate, CTR）的能力。

像谷歌和微软这样的公司雇用数据科学团队孜孜不倦地改进点击率预估算法，从而让更相关的广告得到展示，并从中获取更可观的营收。

为了实现这一点，他们进行小步迭代：提出点击率预估新方法的假设，实现该算法，并且在搜索生产环境中用"随机分桶"⊖流量来进行 A/B 测试以评估该方法。如果证明该算法

⊖　随机分桶（random bucket）。做 A/B 测试时，通常会将请求流量通过哈希算法随机分配到固定数量的桶上，每个桶上获得的流量理论上是均分的。那么选取一定的桶数，就能选取一定比例的流量做实验。——译者注

比当前（现有的）算法效果更好，那么所有搜索流量将默认使用这个算法。

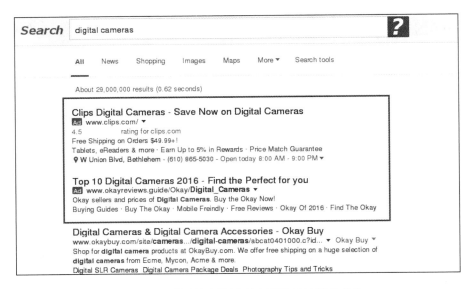

图 1.2   互联网搜索结果列表页展示的搜索广告

随着搜索竞争的延续，对于广告主来说，搜索广告市场仍然会是一个充满变数和竞争的市场。而数据科学技术是在线广告业务的核心，具有四两拨千斤的重要地位。

1.3   数据科学史一瞥

数据科学是一个备受追捧的学科，数据科学是伴随着过去几十年一些关键技术和科学成就的涌现而兴起的。

首先，统计学和机器学习的研究已经造就了成熟和实用的技术，使得机器能够以有效的方式从数据中学习模式。此外，许多开源库也提供了时下机器学习算法快速和可靠的实现。

第二，随着计算机技术的成熟，CPU 速度更快、RAM 更便宜且速度更快、网络设备越来越快、存储设备越来越大且越来越快，我们收集、存储和处理大量数据变得比以往任何时候都更加便利。因此，使用统计学和机器学习的先进算法挖掘大型数据集的成本 / 效益折中方案成为可能。

1.3.1   统计学与机器学习

统计方法可以追溯到公元前 5 世纪甚至更早。但作为正式数学学科的统计学的早期工作，跟 19 世纪末和 20 世纪初 Francis Galton、Karl Pearson 和 Ronald Fisher 爵士有关，他们发明了一些最著名的统计方法，如回归、似然、方差分析和相关性。

20 世纪下半叶，统计学与数据分析紧密相连。在 1962 年著名的"数据分析的未来"[⊖]
手稿中，美国数学家和统计学家 John W. Tukey（他以 FFT 算法、盒子图和 Tukey 的 HSD 测
试的发明而闻名）写道："总而言之，我觉得我的核心利益在于数据分析……"在一定程度
上来说，这是应用统计学的一个重要里程碑。

在接下来的几十年里，统计学家们对计算统计学的应用保持浓厚兴趣并持续进行研究。
然而，这项工作当时与计算机科学界的机器学习研究走了很不同的路子。

在 20 世纪 50 年代后期，随着计算机进入初级阶段，计算机科学家开始基于脑神经网
络的神经网络模型开发人工智能系统。Frank Rosenblatt 在感知机方面的开创性工作，以及
其跟随者 Widrow 和 Hoff 在这一新的研究领域掀起了研究热潮。

随着神经网络的早期成功，在接下来的几十年里，为了自动地从数据中学习模式，推出
了不少新技术，例如最近邻、决策树、k 均值聚类和支持向量机。

随着计算机系统变得更快、更实惠，将机器学习技术应用于越来越大的数据集变得可
行，从而促进了更强大的算法和更好的实现的诞生。

1989 年，Gregory Piatetsky-Shapiro 发起了一系列数据库知识发现研讨会，被称为
KDD。KDD 研讨会迅速得到普及，并成为 ACM-SIGKDD 会议，每年主办 KDD 杯数据挖
掘竞赛。

在某一时刻，统计学家和机器学习从业者意识到，他们的技术开发殊途同归。

2001 年，加州大学伯克利分校的 Leo Breiman 写道："统计建模：两种文化"[⊖]。其中
描述了统计学家和机器学习从业人员世界观的根本区别。Breiman 写道："使用统计建模从
数据中得出结论，有两种文化：一种假设数据是由给定的随机数据模型生成的，另一种使用
算法模型并认为数据生成机制是未知的。"统计学社区对数据生成模型的关注，导致这个社
区在理论和实践中都遗漏了大量非常有趣的问题。

对这些问题的遗漏引发了另一个重要的变化，使来自统计学和机器学习社区的研究人员
一起工作，从而造福于双方。

在过去十年中，机器学习和统计学技术不断发展（新的重点是分布式学习技术、在线学
习和半监督学习）。近几年，"深度学习"技术渐渐浮出水面，通过该算法不仅可以学习数据
的正确模型，还可以学习如何将原始数据转换为一组特征以实现最佳学习。

1.3.2　互联网巨头的创新

学术界对机器学习和应用统计学在现实中的应用感到非常兴奋，同时雅虎、谷歌、亚马
逊、Netflix、Facebook 和 PayPal 等大型互联网公司开始意识到它们拥有大量的数据，如果
它们在这些数据上应用机器学习技术，其业务将可获益颇丰。

这促使一些著名且非常成功的机器学习和统计学技术应用的产生，从而推动业务增长、

⊖　http://www.stanford.edu/~gavish/documents/Tukey_the_future_of_data_analysis.pdf。

⊖　Breiman, Leo. Statistical Modeling: The Two Cultures (with comments and a rejoinder by the author). Statist. Sci. 16 (2001), no. 3, 199-231. doi:10.1214/ss/1009213726. http://projecteuclid.org/euclid.ss/1009213726。

发现新的商机并向用户群提供创新产品：

- ❑ 谷歌、雅虎！（现在必应）将高级算法应用于大型数据集，以改进搜索引擎结果、搜索建议和拼写。
- ❑ 同样，搜索巨头会分析页面浏览量和点击信息，以预测点击率并将相关的在线广告投放给搜索用户。
- ❑ LinkedIn 和 Facebook 分析用户关系的社交图，以提供诸如"你可能知道的人"（PYMK）等功能。
- ❑ Netflix、eBay 和亚马逊广泛使用数据，在全自动的产品或电影推荐上为用户提供了更好的体验。
- ❑ PayPal 正在应用大规模图形算法来检测付款欺诈。

这些公司都是很有预见能力的，它们认识到以创新的方式使用大量现有的原始数据集的潜力。若要在全互联网规模上实现这一点，它们也很快就意识到了将面临的诸多挑战。这也就掀起了 Google 文件系统、MapReduce、Hadoop、Pig、Hive、Cassandra、Spark、Storm 和 HBase 等许多新工具和新技术的创新浪潮。

1.3.3　现代企业中的数据科学

随着互联网巨头的创新层出不穷，一些关键技术在商业工具和开源产品中都得到了应用。

首先是能够廉价收集和存储大量数据的能力。这种能力是通过廉价且快速的存储、集群计算技术和开源软件（如 Hadoop）驱动的。数据因此成为宝贵的资产，许多企业现在能够以原始形式存储所有数据，而不需要传统的过滤和保留策略来控制成本。存储大量数据的能力使得以前无法实现的数据科学在企业中能够得到应用。

其次，R、Python scikit-learn 和 Spark MLlib 等开源软件包中的机器学习和统计数据挖掘算法的商业化，使许多企业能够将这样的高级算法轻松且灵活地应用于自己的数据集。这在过去也曾经是不可企及的。这种变化，减少了使用数据资产提升业务成果所需的总体工作量、时间和成本。

1.4　数据科学家的成长之路

那么如何成为数据科学家呢？

数据科学家的成长之路是一个有趣且有益的旅程。像生活中的许多其他旅程一样，这条路也需要一定的投入才能抵达目的地。

我们遇到过来自各种不同背景的成功的数据科学家，包括（但不限于）统计学家、计算机科学家、数据工程师、软件开发人员，甚至是化学家或物理学家。

一般来说，要成为一名成功的数据科学家，你需要结合两种通常不同的计算机科学技能：数据工程和应用科学。

1.4.1　数据工程师

数据工程师是经验丰富的软件工程师，他在建立高质量的生产级软件系统方面非常熟练，专门建立快速（通常是分布式）的数据流水线。

数据工程师可能会熟练使用：一种或多种主要的编程语言（如 Java、Python、Scala、Ruby 或 C++）和相关的软件开发工具集（如 Maven、Ant），以及单元测试框架和各种其他库。

数据工程师应当拥有收集、存储和处理诸如关系数据库、NoSQL 数据存储以及 Hadoop 栈的产品（包括 HDFS、MapReduce、HBase、Pig、Hive 和 Storm）之类的数据系统的专业知识。

1.4.2　应用科学家

应用科学家具有学术界研究背景，通常拥有计算机科学、应用数学或统计学学位。

应用科学家深刻理解算法背后的数学知识（如 k 均值聚类、随机森林或交替最小二乘法），知道如何调整和优化这些算法，并了解在将这些算法应用于现实数据时如何在不同选择之间进行权衡。

与专注于学术研究和出版论文的研究科学家不同，应用科学家主要通过以正确的方式对数据应用正确的算法来解决现实问题。然而，这种区别有时会变得模糊。

应用科学家倾向于使用统计工具和一些脚本语言（如 R、Python 或 SAS），重点是快速实现原型设计和快速测试新假设。

Ofer 在雅虎搜索广告中的数据科学工作

我在 2005 年加入了雅虎公司，这一年雅虎搜索广告正在经历着巨大的变化，我是"巴拿马"（Panama）项目的工程领导。

"巴拿马"是一个大型工程项目，其目标是创建一个别具特色的搜索广告平台，并取代雅虎收购的 Overture 大部分（如果不是全部）旧的组件。

"巴拿马"有许多不同的子团队负责不同的业务：前端广告服务、快速内存数据库、全新且友好的广告用户界面。我加入的一个团队，其使命是重振雅虎的基础搜索广告算法。

虽然我们当时称之为"应用科学"，但是由于"数据科学"一词尚未发明，我们的工作实际上是将数据科学应用于广告点击率预测这种典型的例子。我们遵循了迭代循环的假设、实施/测试、评估。经过几年的许多迭代，我们能够显著提高点击率预测的准确性，并提升雅虎搜索广告的收入。

那时的主要挑战是，在如此大量的原始数据集（包含页面浏览和点击）的情况下如何计算点击率。幸运的是，雅虎在这些日子里投资建设 Hadoop，我们是在雅虎内部使用 Hadoop 的第一批团队。我们将初步的 CTR 预测代码迁移到包含 MapReduce 算法的 Hadoop 中，并且在经历了较短的假设–实验–评估周期之后，最终让 CTR 预测能力得到提高，使收入得到增加。

1.4.3　过渡到数据科学家角色

要成为数据科学家，你需要从数据工程和应用科学中获得平衡的技能，如图 1.3 所示。

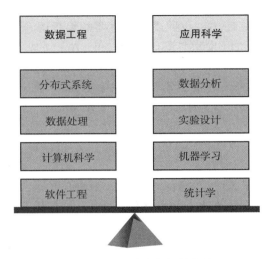

图 1.3　数据科学家的技术栈

如果你是数据工程师，你可能已经听说过有关机器学习技术和统计学方法的许多知识，并且了解其目的和机制。要想成为成功的数据科学家，你必须对统计学和机器学习技术有更深入的了解和实践经验，以完成诸如分类、回归、聚类和异常检测等任务。

如果你是应用科学家，对机器学习和统计学有很好的了解，那么你要转变成数据科学家将需要更夯实的编程技能，并以期成为具有基本软件架构技能的更好的软件开发人员。

许多成功的数据科学家也是从业务分析师、软件开发人员，甚至物理化学或生物学研究员等角色转变过来的。例如，业务分析师倾向于具有强大的分析背景，以及具有对业务环境和一些编程经验（主要是 SQL）的清晰理解。数据科学家这个角色不同，成功的角色转变需要更强大的软件开发能力，并需要对机器学习和统计学有更深入的理解。

锻炼这种综合技能的一个成功策略便是：使用类似于极限编程（XP）的方法，将数据工程师与应用科学家结对。通过这种方式，数据工程师和应用科学家不断地在同一个问题上一起工作、相互学习，并同时促使双方转变为数据科学家。

Casey 的数据科学家成长之路

当我还是得克萨斯农工大学的数学系研究生时，我的导师也支持我选修主修以外的课程。因为我的背景是计算机科学，所以我决定用计算机科学选修课多做些积累。那个学期，有趣的选修课就只有一门对等网络的调研课程和另一门机器学习的研究生课程。这个学期里我完全忽略了数学，以便能专注于大数据和数据科学，我觉得这是我想要的。

研究生毕业以及后续担任了一些初级职位后，我进入了石油行业做科学编程，并帮助他们使用 Erlang 和 C++ 建立 MapReduce 平台，以使用地震数据进行信号处理。这是我第一次在大数据和高级分析（或数据科学）中将我的多种兴趣结合在一起，我也因此沉浸其中。而后，我在不同的领域，包括 IP 语音和医学信息学（在其中我进行了大量的自然语言处理），变换着一系列数据科学类的工作职位。

最后，我加入了 Hortonworks，给使用 Hadoop 的客户提供数据科学咨询。我想熟悉这片领域，了解人们如何真正使用这个大数据平台，也特别关注如何利用数据科学来驱动平台增强高级分析能力。我花了很多年时间帮助客户，从开始到生产实现他们的数据科学用例。这梦幻般的工作旅程，教给我很多关于现实世界的限制，以及如何在限制中生存，并持续推动数据科学的发展。

最近，在 Hortonworks 内部，我的工作重心已转移到为 Apache Metron（孵化中）项目构建高级分析的基础设施组件和网络安全模型。这是一个新的领域，我也将面临新的挑战。所有我从学校、石油行业以及多年的咨询生涯学到的重要经验教训，都有着无法估量的价值。这些经验也将指引我构建什么、如何构建以及如何应用这些经验在大项目中施展影响力。

1.4.4　数据科学家的软技能

数据科学家的工作可以是高回报且有趣的。除了机器学习、编程和相关工具等具体的专业技能外，还有一些使数据科学家成功的关键因素。

- ❑ 好奇心——作为数据科学家，你一直在寻找数据中的模式或异常，而天生的好奇心有助于此。没有既定的答案，好奇心将引导你从第一次看到数据直到最后有所交付。
- ❑ 钟爱学习——技术、工具和算法的数量有时是无限的。要在数据科学方面取得成功，需要不断学习。
- ❑ 坚持不懈——在数据科学中无法一蹴而就。这就是为什么坚持不懈地在数据中锤炼、再次尝试、不放弃的能力是成功的关键。
- ❑ 讲故事的能力——数据科学家经常必须向管理层或其他业务利益相关者呈现相当复杂的结果。能够以清晰易懂的方式呈现数据和分析结果是至关重要的技能。

数据科学家 Doug 的成长道路

作为一名训练有素的分析化学家，数据科学的概念对我来说非常熟悉。在实验噪声中找到有意义的数据通常是科学过程的一部分。统计学和其他数学技术在电介质材料的高频测量方面起了很大的作用。有趣的是，在 20 世纪 80 年代中期（担任 3 年助理化学教授后）我转投了工业界高性能技术计算（HPTC），而后又多次回到学术界。

我的工作经验包括：信号分析和建模、Fortran 代码转换、并行优化、基因组解析、HPTC 和 Hadoop 集群设计和基准测试、解释蛋白质折叠（protein folding）的计算机模型结果。

参照图 1.3 中的内容来看，我以学术界的应用科学家出身，向数据工程方面转移并从事

HPTC 相关工作。目前，我发现自己回到应用科学家的工作中来了。然而，我的经验并不是"两者其一"的情况。许多大问题需要两方面的技能并加以灵活运用。我发现，作为一名应用科学家的背景使我成为更好的大规模计算（HPTC 和 Hadoop Analytics）的实践者，反之亦然。根据我的经验，良好的决策需要这样的能力：提供"好"的展示数据，以及理解这些展示数据的来龙去脉后保证好的质量。

1.5　数据科学团队的组建

和许多其他软件学科一样，数据科学项目很少由一个人而是由一个团队完成。招聘数据科学团队并不容易，原因如下。

- ❑ 数据科学人才的需求与供给之间的差距非常大。最近的德勤（Deloitte）报告"2016 分析趋势：下一个进化"指出："尽管数据科学相关项目激增（仅在美国就有 100 多个），但大学和学院无法快速培养数据科学家以适应此业务需求。"另外，报告还指出："国际数据公司（IDC）预测，到 2018 年，美国需要 181 000 名具有深刻分析能力的人才，而具有数据管理和解读能力的职位需求也会上涨到现在的 5 倍"。
- ❑ 数据科学家的招聘市场极具竞争力，像谷歌、雅虎、Facebook、Twitter、Uber、Netflix 等公司都在寻找这样的人才，这也推动了薪酬的飙升。
- ❑ 许多工程管理人员不熟悉数据科学的角色，也没有面试和挑选好的数据科学候选人的经验。

构建数据科学团队时，克服人才差距的常见策略如下：不是招募有数据工程师和应用科学家组合技能的数据科学家，而是用数据工程师和应用科学家组成团队，并专注于提供一个可以提高整体团队生产力的工作环境和工作流程。

这种策略可以解决你的招聘困境，但更重要的是，它为数据工程师、应用科学家提供了一个环境，以便这两种角色的人员之间相互学习。随着时间的推移，这种合作会使你的团队成员成长为成熟的数据科学家。

另一个可以考虑的方法是，聘请新的团队成员或将公司现有员工转变为新团队中的数据工程师、应用科学家或数据科学家。

转变现有员工的优势在于：通常已知人员数量，并且他们已经获得了重要的业务和领域专长。例如，一家保险公司的数据工程师已经了解保险的工作原理，知道术语，并在组织内建立了一个关系网络（以帮助其避免那些新员工可能从没见过的潜在隐患）。

现有员工的潜在缺点是：在技术方面可能没有必要的技能或知识，也可能太习惯于旧的做事方式，抵制变革。

根据我们与世界各地的许多数据科学团队合作的经验，混合方式往往最有效——用内部候选人和外部候选人一起组建一个团队。

1.6 数据科学项目的生命周期

大多数数据科学项目从你想要回答的问题开始，或者为了验证某个业务问题的假设开始。例如，以下问题：

❏ 用户继续玩我的游戏的可能性是多少？

❏ 我的业务有什么有趣的客户群？

❏ 如果将广告展示给网页上的某位客户，点击率会是多少？

如图 1.1 所示，数据科学家将这个问题转化为一个假设，并反复探讨在现有数据源的情况下，如何应用各种机器学习和统计技术来验证这个假设。

图 1.4 给出了该过程更详细的视图，其中给出了大多数数据科学项目中涉及的典型迭代步骤。

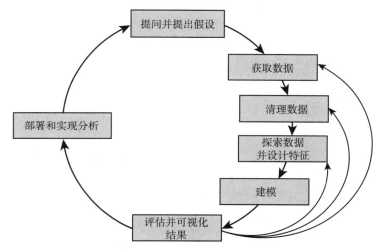

图 1.4 图 1.1 的拓展版，阐释了数据科学的迭代本质

1.6.1 问正确的问题

在项目开始时下面这些至关重要：了解业务问题并将其转化为易于理解和沟通的形式，具有明确的成功标准，在业务内可操作，并可通过工具和数据科学技术解决。

为了解释上面的意思，请看看下面这个示例：汽车保险公司希望使用传感器数据来改进其风险模型[⊖]。他们开发了一个程序，其中驾驶员可以安装记录车辆驾驶数据（包括 GPS 坐标、加速度、制动等数据和状态）的设备。有了这些数据，他们希望将驾驶员分为三类（低风险、中等风险、高风险）并制订相应的价格策略。

在开始这个项目之前，数据科学家可能会将这个问题定义如下。

1.将驾驶员风险分类为三类：低、中、高。

㊀ 这有时被称为使用型保险（UBI）。

2. 输入数据：传感器数据。

3. 成功标准：期望模型精度达到 75% 或以上。

设置成功标准往往很困难，因为数据的信息内容是未知的，因此更容易说："我们将着手工作并尽最大努力"。这是无边际项目的风险，没有任何"结束标准"。

成功标准往往直接受到两个方面的影响：模型在业务中如何使用，以及从业务角度来看什么是有意义的。此外，上面两个方面必须从数据科学的角度转化为可操作的标准。这可能需要与业务利益相关者进行磋商和传达，以将高层次的直观业务目标转化为具有确切错误界限的可衡量、易理解的标准。这些磋商可能很困难，但却非常重要。因为磋商能强调：不是所有的数据科学解决方案都是零错误的。

1.6.2 数据摄取

一旦需要解决的问题得到很好的理解，下一步就是获得该项目所需的数据。数据科学项目中数据的可用性绝对是项目成功的必不可少的条件。事实上，在考虑任何数据科学项目的可行性时，数据可用性和分类是主要的考虑因素。

数据摄取往往比看起来更困难。在许多 IT 企业中，获取数据意味着必须找到当前存在的数据，说服当前数据存储库的负责人，让你访问数据。然后找到一个地方来托管数据并进行分析。在某些情况下，数据可能还不存在，需要一种新的采集和存储的机制。

在一家大型公司中，知道某个数据集是否存在并不总是容易的，又或者存储的位置不那么容易找到。此外，鉴于公司各部门通常是孤立的，这些数据的负责人通常不愿意为你提供这些数据，因为这会让他们增加一些额外的工作。此外，你必须向你的经理或首席信息官（CIO）要一些服务器，以便在其中存储用于分析的数据。

所有这些额外的工作会使数据摄取过程事务变得繁杂，也常常给人造成阻碍。Hadoop 数据池（data-lake）概念的价值常被人忽视，其价值之一就是创建一个公司层面的数据存储，最终所有的数据都存在这里。因此，这种情况下数据摄取的成本降到了最低——基本上，只要你可以访问 Hadoop 集群，就可以访问数据。

在第 4 章中，我们将更详细地讨论各种工具和技术，这些工具和技术（包括 Flume、Sqoop 和 Falcon）能够轻松、一致地将数据导入 Hadoop 集群。

1.6.3 数据清洗：注重数据质量

下一个挑战是数据质量相关的。项目所需的数据通常由多个不同的数据集组成：有不同的历史数据集、有不同的模式和不同的格式约定。我们需要做的第一件事是将这些数据集合成一个单一的、一致的、高质量的数据集。

我们来看一个例子。考虑一个由各种医院、诊所和药店组成的医疗机构，该组织可以有各种系统来表示患者信息，包括人口统计数据、实验室数据、索赔数据和药房数据。由于医生、护士和药剂师需要输入数据，不能保证数据一致且没有人为错误。事实上，由于简单的数据输入错误，各种基准值，如实验室结果、血压或 BMI（体重指数），都不具有有效的临床价值。显然，任何后来读取此信息的医生或护士可能很容易发现数据项无效，但是在数据科学领域使用时，我们必须确保应用一些规则来防止脏数据影响模型。

不幸的是，数据质量问题非常普遍，现代企业几乎普遍存在脏数据。数据科学家和数据工程师需要花费大量时间探索数据质量并应用各种技术来清洗和规范其输入数据集。

Hadoop 提供了一个很好的数据清洗平台，因为你可以用相对较低的成本将原始数据和多次清洗过的数据保存在相同的平台上，并且可以在整个集群中进行数据清洗。

在第 5 章中，我们将更详细地讨论数据质量，并提供一个框架来识别、划分和解决数据质量分析中出现的许多问题。

1.6.4　探索数据和设计模型特征

获取数据后，数据质量问题得到解决，数据科学家终于准备好进行实际的建模了：构建预测模型、执行聚类分析或构建推荐系统。

为此，数据科学家需要选择那些最适合任务的变量或数据特征。有时这些特征已经存在于数据集中；有时，通过组合多个现有特征可以创建（设计）新的特征。

我们来看一个例子。想象一下，你是手机供应商，准备建立客户流失模型。你现有的数据集可能包括客户 ID、客户开始使用你的服务的日期、当前使用的移动设备、每月的平均分钟数、付款计划和邮政编码等变量。你的数据集还提供了过去 6 个月内所有呼叫的完整日志。

这些变量中的许多通常可以用作模型的一个特征，但下面的情况也是非常典型的：考虑从一个原始变量派生出复杂特征，或者使用这些变量进行一些复杂计算产生新特征 。例如，你可能会将"最后一个月的电话呼出次数"（派生自通话记录）或"最常用的手机信号塔"视为特征。

其中的诀窍便是，找出哪些特征对于你负责构建的特定模型预测最有用。寻找上述特征既是艺术也是科学，这也可能是数据科学中最困难和最重要的任务之一。

数据科学家执行上述任务，也称为特征工程，通常使用统计学、信息理论、可视化和文本分析等各种技术。我们在第 5 章中将提供更多特征工程的深入探究。

1.6.5　构建和调整模型

构建机器学习模型包括：选择建模技术，并在数据集中应用该技术。从高层次上区分，有两种类型的建模技术：监督学习和无监督学习。

监督学习需要包含一批样本的训练集，每个样本由特征和目标变量组成。使用这组样本，机器学习算法学习如何将一组特征映射为目标变量的值。在监督学习中，我们有分类和回归。在分类中，目标变量是离散值的变量，例如上一个保险范例中的驾驶员风险水平。而在回归中，目标变量是连续值的变量，如预期价格。

对于无监督学习这种技术，训练集不可用，并且其建模的目的是识别数据中的模式，而不需要任何有标记的训练集。属于此类别的常见任务是聚类、异常检测和频繁项集分析。

协同过滤是推荐产品的一项技术，介于监督学习和无监督学习之间。协同过滤不作为标准监督学习训练集的输入，而是用作用户的历史推荐的数据集。然后协同过滤为用户提供一组推荐结果。

每种机器学习技术的数学细节可能都让人心生畏惧，因为可能需要高级的统计学知识、概率和应用数学知识。这些数学细节也超出了本书讨论的范围。然而，我们通常可以使用许多机器学习技术，而不需要完全掌握其背后的数学基础。第 7 章，将提供有关这些技术及其应用的更详细的描述。

一旦构建了模型，我们使用标准指标（如准确性、精确度、召回率）来评估其表现，以确定其是否符合业务利益相关者磋商和传达的成功标准。

如果模型没有提供预期的结果，那么我们通常会发现自己回到以前的某一步：获取新的或不同的数据，以不同的方式预处理或清理数据，使用不同的特征，选择不同的模型，或前面这些全部都用上。

1.6.6   部署到生产环境

一旦模型建立、评估并符合验收标准，我们就会准备将其部署到生产环境中。

对于如何部署到生产环境中，给出一个固定的规则是很困难的，因为这个过程因公司可用生产环境类型差异而有所不同。

通常，必须考虑建模过程的所有方面，包括数据摄取、数据预处理和建模。通常必须满足严格的响应时间服务级别协议（SLA），这就要求架构或算法实现择优选择。

1.7   数据科学项目的管理

相对传统团队组成来说，数据科学团队是一个较新的存在。在其他软件开发项目中，被证明成功的通用技术和最佳实践，自然应该也可用于数据科学项目的管理。

但事实并非如此。涉及将机器学习技术应用于数据的数据科学项目，通常与典型的软件开发项目显著不同，这就需要不同的方法和思路。

- ❑ 项目开始时数据质量是未知的。正如我们将在本书后面看到的那样，数据质量是数据科学的一个重要方面。提供高质量的数据需要很大的努力，而通常这些工作牵涉的范围和层级都具有不确定性。

- ❑ 数据科学项目中测量和评估至关重要。无法准确测量你的算法，将会是盲目的。开发用于支持测量算法、收集数据和测量结果的基础组件与算法本身一样重要。这需要的时间和精力也明显超出项目目标本身。

- ❑ 即使有基础组件来衡量算法的性能，通常也难以确定统计技术和机器学习的预期准确度。这为建模工作中定义明确的"结束标准"遗留了一个问题：模型什么时候够完善并结束？相反，重要的是要认识到建模是迭代的，并赋予数据科学家好的环境和工具，使他们尽可能高效地工作从而缩短迭代时间。

据我们所知，目前没有实证的方法可以用来管理数据科学项目（如 Scrum 或软件工程的极限编程）。我们认为，这种方法（或几种方法）将在未来几年内出现。

1.8　小结

在本章中：

- ❑ 我们将数据科学定义为从数据中发现洞察力的艺术和科学，以在业务环境中构建软件系统并让这些洞察力得以应用。
- ❑ 我们回顾了学术和工业界数据科学的历史：数据科学在统计学和机器学习社区如何开始，并如何通过诸如雅虎、谷歌等大型互联网公司的创新而最终付诸实践。
- ❑ 我们讨论了数据科学家需要数据工程师和应用科学家的组合技能，也讨论了构建数据科学团队的挑战。
- ❑ 我们研究了数据科学的生命周期：提出正确的问题、数据质量控制、预处理及建模、效果评估以及部署到生产环境。

第 2 章
数据科学用例

藏于数据矿山之下的，是可以改变病人人生也可以改变世界的知识。

——Atul Butte，斯坦福大学

本章将介绍：

- ❏ 数据驱动型公司中的数据如何驱动从而带来变化
- ❏ 数据科学的常见业务用例

在第 1 章中，我们介绍了数据科学的许多基本术语及其演进历史。随着 Hadoop 的广泛应用，各公司逐渐建立起了所谓的数据湖⊖——它们是所有数据集的中心——许多企业正在探索更好地使用这些大型数据集的创新方法，从而获得以前不可能实现的业务优势。

在本章中，我们将探讨这一转型的主要驱动因素，并详细研究数据科学中最常用的业务用例。如果你熟悉用例，可直接跳转到第 3 章。

2.1 大数据——变革的驱动力

现代 IT 基础设施正在发生巨大变化。现在可供企业使用的数据比以往任何时候都多，且格式各异。以前，主要是由于成本，大多数公司在成本效益可控的范围内存储和处理的数据量很有限。因此，常见的最佳做法是将数据大小限制为仅够用的最小值。

随着大数据时代的到来，IT 数据战略的竞争优势得到了 IT 领导的广泛认可。

让我们更仔细地看一下大数据传输的三个重要特征（容量、多样性和速度），以及它们是如何影响现代 IT 革命的。

⊖ "数据湖"一词首先由 Pentaho 的 James Dixon 创造，通常用于描述一个大型存储库，用于数据的处理引擎以及大规模数据处理引擎。Hadoop 是启用数据湖的技术栈的主要示例。有关 Hadoop 数据湖的更多信息，请参见第 4 章。

2.1.1　容量：更多可用数据

变革的第一个（也许是最简单的）驱动因素，是有更多可用的数据。

自 20 世纪 60 年代数据库商业化以来，企业一直在收集、存储和处理数据。例如，医疗保险机构存储有关患者和保险索赔的数据，零售商存储有关购买历史的信息，银行存储有关存款、提款和投资的数据。

这些数据通常由交易后的信息组成。实际上有更多的数据可用——诸如点击流数据之类的交易之前的数据——但是 IT 决策主要由存储此数据的（先前非常高的）成本所驱动，因此大部分数据通常被丢弃。

在过去的十年中，我们看到了这个巨大变化。随着 Hadoop 的广泛使用，大规模存储集群的成本显著降低，以及机器学习算法的进步，可以从数据中提取出更多的重要业务价值，企业正在重新思考它们需要保存什么样的数据以及需要保存多长时间。在多数情况下，所有数据都以原始形式保存。

随着连接设备和传感器数据的爆炸性增长，每年可用数据量都呈指数级增长。例如，IDC 预测，从现在到 2020 年，数据体量将每两年翻一番，达到 40 000 艾字节（EB）（或 40 万亿吉字节）。

存储这么多数据基本上是所有企业的挑战，因为现有的数据存储和数据仓库解决方案无法以合理的成本进行扩展。认识到这些数据的巨大价值，企业正在创造现代数据湖，以适应这种源源不断的新数据，并能够有效地以合理的成本利用这些数据。

2.1.2　多样性：更多数据类型

现今不仅有更多的数据可用，而且还有新的数据类型可用。这些新的数据类型为以前无法进行的分析和预测创造了机会。我们来看几个例子：

- **传感器数据**正在迅速普及。因为我们周边越来越多的设备能够存储和收集以前不可用的各种新型数据。例如，手机提供 GPS 信息，NEST 恒温器提供温度信息，汽车收集并提供驾驶状态信息。

- **日志文件**不是新的了。日志已经存在了一段时间，也是在某个服务器（如 Web 服务器）上记录用户行为各类信息的标准方式。往常，日志文件将保存几天或几周，之后就会被删除，因为它们的主要作用是帮助诊断服务器的问题。但现如今，服务器日志通常包含有关用户页面浏览和点击行为的宝贵信息，并且通常以原始形式保存多年，以辅助高级点击流的分析。

- **文本数据**通常在各种业务环境中可用。无论是 PDF 格式、JSON、XML 还是简单的文本格式，这些文本数据可能包含医疗保健场景下医生的笔记、呼叫中心的病例信息或医疗设备提供商的病例注释。用先进的自然语言处理技术来分析理解这些海量文字信息变得可能。自然语言处理在现代数据驱动型业务中使用得越来越多。

- **音频和视频**数据经常因为审计 / 合规性的缘由存储。最近，企业意识到它们可以用创新的方式使用音频和视频数据。例如，它们正在使用音频数据来分析呼叫中心的客户满意度，用视频数据来进行缺陷检测。

2.1.3 速度：快速数据摄取

变革的另一个驱动因素是数据摄取率。

例如，诸如 AT & T、Verizon、T-Mobile 或 Sprint 等手机网络提供商，这些公司将每个手机基站记录的每个事件存储在其全国或全球网络中。采集这些事件数据的速度可能是令人吃惊的，并且经常触及现有技术基础设施的极限。

2.2 商业用例

既然了解了容量、多样性和速度的三个基本方面，并了解了它们如何影响我们使用数据的方式，接下来我们来研究大数据中数据科学的常见用例。

2.2.1 产品推荐

对于在线零售商和许多其他在线零售业务来说，推荐系统已经变得相当普遍。我们熟悉的有亚马逊、Netflix、Facebook、LinkedIn，以及最近的谷歌 /YouTube 等公司使用的各种各样的产品推荐技术。

亚马逊在其网站上的许多地方展示产品推荐。例如，当用户在亚马逊网站上查看手表时，网站还会推荐类似的商品，即在购买之前为你提供其他可选项。

Netflix 早期提供电影推荐。据信，Netflix 的流媒体视频多达 75% 可以归因于电影推荐，显然电影推荐是 Netflix 核心的产品功能，它也在很大程度上驱动着业务的成功。

谷歌的 YouTube 是非常受欢迎的用户生成内容的视频平台。早期，搜索是用户借以查找视频的主要方式。后来，谷歌添加了"推荐视频"功能，给用户提供该用户可能感兴趣的"类似"视频。多数情况下，推荐列表在用户观看一个新的视频后会发生变化。

LinkedIn 是全球最受欢迎的专业社交平台，它在其产品演进的早期阶段就实现了"你可能认识的人"（PYMK）这个功能。此功能只是向用户推荐他们可能认识的人，并因此可能在 LinkedIn 上添加对方为新联系人。

该功能为 LinkedIn 人际关系网的发展做出了重大贡献，因为这项功能鼓励成员随着时间的推移与越来越多的人连接，从而给每个成员带来关系网的增值。与 LinkedIn 类似，Facebook 和 Twitter 在其社交网络中也实现了这样的功能。

虽然互联网巨头是第一个实现推荐系统的企业，但这些数据产品的好处现在已被整个零售业所采用。个性化产品推荐具有以下好处：

❑ **增加销量**——推荐系统为消费者找到他们喜欢或需要的物品提供了一种简单的方法。这会增加物品的销售数量，并随之增加收入。

❑ **销售更多样化的物品**——推荐系统通常可以帮助用户找到他们可能不知道如何找到的物品，这样可以推动难以找到的物品的销售。

❑ **提高用户满意度和忠诚度**——精心设计的推荐系统通常会改善整体用户体验。随着用户发现有趣和相关的物品，网站让用户更加满意，用户就会再来，进而产生复购。

2.2.2　客户流失分析

众所周知，保持现有客户往往比寻找新客户成本低很多。无论是银行、零售商、游戏公司、互联网服务供应商、手机供应商、航空公司还是保险公司，几乎任何企业都有强烈的愿望来积极寻求客户留存并防止客户流失。

由于业务模式、具体的客户参与度和终身价值模型的差异，流失模型也因行业而异。客户流失分析使用机器学习来预测每个客户"离开"的可能性。然后，企业使用这些数据来推动和引导客户保留计划（如折扣或其他激励计划），以鼓励风险高的客户留下。

例如，在游戏行业，超过 70% 的免费游戏玩家会在前 30 天内退出游戏。预测这些玩家都是谁，并定制一个个性化的活动让他们参与到游戏中并留存下来，这项能力对游戏开发商来说是非常有益的。

2.2.3　客户细分

客户细分是一种常见的技术，用于识别与划分业务行为相似的客户。

杂货店可能有兴趣按照顾客购买的食品类型对客户进行细分。例如，一部分客户可能是"喜欢肉的人"，另一部分可能是"喜欢绿色食品的人"。

同样，航空公司和酒店也有意将客户分为商务旅客和非商务旅客。航空公司也对"国内乘客"和"国际乘客"的划分感兴趣。

这种分割的直接好处是可以提高营销效率。例如，航空公司可以根据有效的客户细分来定制电子邮件推广活动，以实现更高的回访率。同样，杂货店也可以尝试通过肉类产品的特别折扣吸引肉类爱好者（如表 2.1 所示）。

表 2.1　杂货店购物者划分

已知的客户类型	基本类型	喜欢肉类的	喜欢农产品的	喜欢美食的	多种爱好的
用户百分比	39%	15%	8%	3%	35%
鲜肉	3%	59%	9%	1%	14%
包装食品	75%	15%	21%	12%	39%
奶制品	2%	5%	4%	0%	8%
海鲜	6%	5%	6%	3%	12%
美食	1%	3%	2%	73%	6%
新鲜农产品	10%	9%	49%	6%	19%
烘焙制品	3%	5%	7%	4%	2%

诸如 k 均值的聚类技术是客户细分的常用技术。

利用大量数据，企业现在可以将新的数据输入并应用于客户细分算法（例如来自社交网络的数据）。企业将聚类算法应用于较大的数据集，也可以提高整体准确性，并更快、更频繁地应用这些算法。

2.2.4　销售线索的优先级

许多销售人员享受由良好、有效营销所衍生的销售线索流程（如图 2.1 所示）。

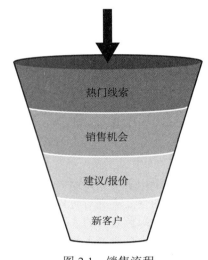

图 2.1　销售流程

一个关键问题是："我应该把精力放在哪条销售线索上？"

企业可以通过多种方式优先考虑销售工作，但最自然的考量就是"在 N 天内结束的可能性"。

通过应用数据科学，企业可以使用各种特征（如地理位置、客户类型、网站参与度、以前的销量等）对每条线索建立预测模型，以确定每条销售线索在所需时间段内结束的可能性。

基于这样的模式，能够提高销售业务效率和总体收入。

2.2.5　情感分析

随着在线论坛上众多客户自发反馈的增加，以及 Facebook 和 Twitter 等社交网络的发展，客户情感相关的信息已经非常多了。

情感分析是文本分析和自然语言处理技术的应用，目的是了解客户对某个主题（例如产品或服务）的褒贬态度。

例如，一家公司可能会推出某种产品或服务，并想知道客户对它的反应——他们是否喜欢该产品？此外，情感态度可能随时间而变化，因此随着时间的推移跟踪情感（如图 2.2 所示）有助于了解客户情感随时间的变化。

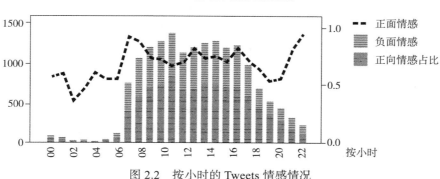

图 2.2 按小时的 Tweets 情感情况

传统上，一般会进行焦点小组或其他形式的市场研究。但是，通过情感分析，可以用更低的成本和更高的准确度来查看客户的推文、Facebook 帖子或 TripAdvisor 评论，并分析客户回复，进而了解用户对产品或服务的整体态度。

这种技术不仅限于 Twitter 和 Facebook 等社交网络，还可以有效地应用于呼叫中心以了解客户对呼叫中心业务的满意度，以及股票评估网站以进行投资决策。这种技术也可应用于许多其他类似的业务。

2.2.6 欺诈检测

欺诈或付款滥用是许多企业和政府机构面临的严重问题。每当货币根据一些标准或一套规则被交易时，恶意者可能会因为金钱利益而选择欺诈和滥用。

显然，欺诈检测对于像银行、PayPal 或 Square 等支付公司来说是一项核心能力。欺诈检测，对于保险公司、零售商或其他公司来说，也是提高门槛的一种非常有效的方法。

据估计，在医疗保健方面，仅在美国索赔欺诈和滥用每年就有 300 亿美元。对于零售商来说，信用卡欺诈的成本估计每年数十亿，如表 2.2 ⊖ 所示。

表 2.2 零售商信用卡欺诈的成本

年份	2010	2011	2012	2013	2014
欺诈成本（十亿元）	20	26	23	23	32
欺诈占收入的百分比	0.52%	0.64%	0.54%	0.51%	0.68%

由于敏感性质，欺诈检测功能通常是保密的。在大多数情况下，这些系统组合使用规则、监督学习和无监督学习。系统标记的事务后面将进行手动审查并进行后续操作。

⊖ 来源：http://www.businessinsider.com/how-payment-companies-are-trying-to-close-themassive-hole-in-credit-card-security-2015-3。

2.2.7 预测维护

设备不会永远运行，设备最终会在未来某个时候失效。不幸的是，鉴于失败的二元性质，这种失败可能会带来可怕的后果。这在许多行业中很常见。我们来看几个例子。

❑ 当手机信号塔中的组件发生故障时，它可能会停止运行，附近的许多手机用户可能无法使用移动服务。直到出故障的组件被修复，该塔才能再次完全正常运转。

❑ 办公楼空调压缩机出现故障时，在这里工作的员工一到两天内可能要忍受恶劣的工作环境，直到技术人员解决问题。

❑ 如果直升机或飞机上的发动机失效，无疑会产生可怕的后果。幸运的是，这不是一个常见的安全问题，因为这些引擎的检测在起飞前是相当彻底的。然而，如果在地面发现故障，飞机可能需要冗长的维修过程，这可能导致航班延误或取消。

❑ 如果快餐店的冰箱停止工作，餐厅将不得不更换冰箱。但是，更换可能需要几天的时间。此时，冰箱里所有的冷冻食品会怎样呢？

预测性维护的理念是，各种设备的故障模式是可预测的。如果我们可以预测一块硬件失效的准确时间，并在组件发生故障之前更换该组件，那么我们就可以实现更高的运行效率。

现在许多设备都包括传感器数据和发送诊断报告的其他组件，使用大数据的预测性维护变得越来越准确和有效了。

2.2.8 购物篮分析

零售商的一个常见用例是购物篮分析（也称为亲和力分析或关联挖掘）。

在这种分析中，我们试图了解用户的购买行为。更具体地说，通过购物篮分析，零售商希望了解哪些产品往往被一起购买。例如，洗发水和护发素通常被一起购买。

很明显，洗发水和护发素往往是相关的——我们不需要复杂的算法来得到这个结论。购物篮分析的目标当然是找到这种类型间不明显的关系。一个著名的例子（怀疑是城市传说）是，一家零售商发现在购买啤酒和尿布之间有很强的联系，买家组恰恰是"新爸爸"⊖。

零售商使用购物篮分析来指导一些关键的业务决策：

❑ 购物篮分析通常可以推动商店布局设计，其中强烈关联的商品在战略上相互靠近，使得客户更有可能购买相关商品。在上述示例中，零售商可以将尿布放在冷藏啤酒的附近。

❑ 零售商也可以使用购物篮分析的结果进行有效的营销活动，以便将流量推向实体店。例如，零售商可能会在数码相机上发布重大折扣，同时在存储卡（通常与相机一起购买的商品）上保持高价格。零售商引导客户走进商店购买相机，但没有失去整体销售利润。

⊖ 一般认为，这是沃尔玛关联关系挖掘的经典案例。——译者注

❑ 零售商经常使用购物篮分析的产出将其产品分成自然群体，以更好地调整其类别管理。

2.2.9　预测医学诊断

对医学诊断做出决定是困难的，部分原因是通常有很多不确定性而且数据也不足。此外，错误诊断的影响是可怕的。例如，如果医生错误诊断患者患有癌症，患者将经历非常不愉快的（并且有潜在危害的）化学疗法。更糟糕的是，如果医生错误地将患者诊断为患有癌症，由于没有给予患者对症的治疗方案，可能会导致患者失去生命。

《柳叶刀》（The Lancet）主编 Richard Horton 说：“医学教育从根本上来说是保守的，只是将老一代的失败经验传授给新一代。”在多数情况下，诊断是一个烦琐的分析任务，而且只是在忙碌的一天里用 10～15 分钟的办公访谈得出的结论。

使用计算机辅助的、基于数据的医疗诊断工具来帮助医疗专业人员，是改善医疗保健的巨大机会。我们来探讨几个具体的应用：

❑ 机器学习算法可以检测未知的诊断模式，如果临床验证了，也就可以添加到现有的医学知识库中。

❑ 电子病历使用 ICD-10 标准来记录患者的现有诊断。有时电子记录缺少几个关键的诊断，疾病的自动诊断可用于识别这些数据空白。

❑ 可以通过例如基于自动诊断结果的筛选来改善诸如 HEDIS（医疗保健效果数据和信息集）之类的各种护理质量。

上述用例的价值是有目共睹的，譬如美国国家卫生研究所（National Institute of Health，NIH）最近公布了精准医学计划（PMI）队列项目。该项目将作为数据驱动的研究计划，将人类生物学、行为学、遗传学、环境学、数据科学和计算学结合，以开发更有效的方法来延长寿命和治疗疾病。初始队列（参与者）基数预计为一百万人。

所有这些用例为医疗机构提供了一个重要的机会，既能提高患者的整体幸福感，又能创造显著的商业利益和税收能力。

2.2.10　预测患者再入院

使用预测模型做再入院预测是数据科学应用的另一个例子。准确的预测模型对医疗保健机构，特别是美国医疗保险计划下的患者来说大有裨益。

2012 年，美国医疗保险和医疗补助服务中心（CMS）开始实施一项新规定，医院超额入院（出院后的前 30 天）得到赔付或补助将会减少。这直接激励着医疗服务提供者和保险公司减少患者再入院。

能够在患者出院前预测他是否重新入院有直接的利益影响。这种预测模型可用于触发进一步的治疗以减少重新入院的可能性，这当然对患者有益。

这种激励是如此强烈，事实上，2012 年 Heritage Provider Network 公司在 Kaggle.com 网

站推出了一个比赛：建立一个模型，使用历史数据预测再入院，获奖团队的奖金为三百万美元。

2.2.11　检测异常访问

许多组织都有敏感的客户记录。例如，诊所和医院等医疗保健提供者存储病人隐私信息，并且法律要求保护此信息免受非法访问。例如，医生或护士只能获得关于他们正在治疗的病人的健康信息，这些病人信息是他们履行职责所必需的。

不幸的是，发生数据泄露的情况时有发生。例如，好莱坞明星可能住院，医院的流氓员工可能会尝试检查她的健康记录，并将信息出售给记者以便挣些外快。

通常的解决方案是使用非常严格的访问控制机制和基于角色的访问控制。然而，典型的基于静态角色的访问控制机制通常是不够的，因为员工通常会更改角色、更改部门，甚至共享 ID 和密码。IT 并不总是能够有效地跟踪这些变化。

许多这样的组织使用异常检测算法来检测员工的异常数据访问——员工以相对于其角色或历史行为来说"非典型"或"非正常"的方式访问数据。例如，如果内科医生访问肿瘤科患者的记录，可能会被标记为潜在的异常，以便进行进一步调查。

2.2.12　保险风险分析

保险是一个基于风险的行业。财产、汽车或人寿保险等产品的价格总是基于风险评估和风险汇总原则。

保险公司一直在使用预测风险建模，这些风险主要基于年龄、性别、地理位置和消费者的历史数据等关键指标。例如，众所周知，年轻的司机往往比经验丰富的司机更容易发生事故。因此，汽车保险公司通常会向 25 岁以下的司机收取较高的保费。

由于准确的风险分析对于保险公司的盈利来说至关重要，所以每一次尝试都是为了改善而获得竞争优势。例如，汽车保险公司正在将来自汽车的传感器数据（GPS 数据等）作为新的数据来源，用于提高风险预测的准确性。通过跟踪驾驶行为，保险公司可以更准确地评估该司机的事故风险。

2.2.13　预测油气井生产水平

任何石油天然气公司的基本资产都是油井和天然气井。因此石油和天然气公司，如 Schlumberger、Haliburton、Noble Energy 和 Chesapeake，在研发方面进行大量投入，以最大限度地提高石油生产水平，从而直接影响到业务的最高水平。

有许多变量可能会影响现有油井或气井的生产水平。使用传感器数据，可以构建有关油气井的地球物理数据和其他数据源的模型，以预测油气井的产量。

利用这一预测模型，石油和天然气公司可以了解是什么影响了生产水平，以及提前知晓会对生产水平产生负面影响的因素，从而使生产流程化并增加收入。

2.3　小结

在本章中：

❑ 我们学习了数据的容量、多样性和速度如何影响公司里数据方面的工作及其提供的机会。

❑ 我们研究了一系列真实的商业用例，包括产品推荐、客户流失分析、欺诈检测、销售线索优先级、客户细分等。在这些用例中，数据科学提供了有形的商业价值。

第 3 章

Hadoop 与数据科学

数据科学家们不仅获得了有趣的研究成果（正如我们所预期的），而且制定新应用的原型并证明这些应用可以大大提高雅虎的搜索关联性和广告收入。

——Eric Baldeschwieler，雅虎 Hadoop 软件开发部副总裁

本章将介绍：
- ❏ Hadoop 究竟为何物
- ❏ Hadoop 的演进历史
- ❏ 用于数据科学的 Hadoop 工具
- ❏ 用于数据科学的 Pig 和 Hive
- ❏ 用于数据科学的 Spark
- ❏ 数据科学家钟爱 Hadoop 的原因

和任何其他学科一样，数据科学也需要工具。Hadoop 业已进入数据科学家拥有的众多强大工具之列。本章将介绍 Hadoop 是什么、Hadoop 的演进历史、Hadoop 环境的新增工具以及 Hadoop 对数据科学家来说为何如此重要。

3.1 Hadoop 究竟为何物

Apache Hadoop 是一个开源且基于 Java 的分布式计算平台，其构建初衷就是为了扩展搜索索引。虽然创建 Hadoop 的初衷围绕着搜索索引而建立，但显然 Hadoop 的核心概念更为通用。经过多年的使用和更新，Hadoop 已成为一个生态系统，且成为数据中心操作系统的主心骨（用于初期可扩展的数据处理和分析）。

容错是 Hadoop 自成立以来一直秉持的核心原则之一。为了实现扩展性，系统被设计为允许节点或组件故障（如硬盘驱动器失效），同时底层系统也会在故障后重试失败作业。这种软件设计的弹性也带来了一些不错的经济回报。例如，可以在系统内使用较不可靠且较便

宜的硬件，但总体上因软件层而非硬件层的弹性设计而变得非常可靠。此外，这也允许下游系统运维人员，可以批量维修设备而不必立即响应并马上维修。

Hadoop 里的核心技术自 2005 年第一次提交⊖以来已大大扩展，但核心部分只有少数的几个：

❑ 分布式文件系统
❑ 资源管理器和调度器
❑ 分布式数据处理框架

3.1.1　分布式文件系统

虽然 Hadoop 可兼容多个分布式文件系统，但从一开始使用并留存下来的就是 HDFS（Hadoop 分布式文件系统）。HDFS 是作为谷歌 GFS⊜的开放版本而设计的。HDFS 是一种分布式、可扩展的文件系统，也具有内置冗余的理念。HDFS 是设计在许多节点之上的分布式文件系统，其中每个节点只需要一个常规的文件系统就可以了。HDFS 被设计为扩展和保存 PB 级别的数据。因此，系统设计中有一些假设：数据的序列读取应该能够快速地支持全面的数据扫描，文件系统设计应该能全面周知每个数据块的位置（以便计算过程可以在数据存储节点上进行从而减少数据传输），系统应该容忍节点故障。

数据在 HDFS 内部是以数据块的形式存储的，也能轻松地复制这些数据块。复制是智能的，因为软件系统使用各种策略来确保数据不仅存储在多个节点上，而且存储在多个机架中。该策略是确保单个节点甚至单个机架故障也不会导致数据丢失。

因为整个系统知道数据块位置并且可以优化计算任务在哪个节点执行，所以可以高概率地在离数据块较近的位置运行任务。这个优化使得将数据流从存储节点传输到计算节点网络消耗更小，从而达到了加速的目的。冗余数据块和就近计算数据这两个特性相结合，使 HDFS 成为高可靠和聚合带宽的系统，这也让 HDFS 成为规模化计算的理想选择。图 3.1 显示了 HDFS 架构的高抽象级概览。

在图 3.1 中，可以看到整体架构以及各节点是如何在 HDFS 系统中交互的。如图 3.1 所示，希望从分布式文件系统进行读写的客户端或单个程序，会根据其目标与子系统的适当部分进行交互。也就是说，客户端如果只是想要查看文件列表，这种元数据请求将直接与 NameNode 进行通信进而查询结果。而想要读写数据的客户端将从 NameNode 请求获取数据块位置（很小的数据量），然后直接与容纳数据块的服务器通信（图 3.1 中的实线）。该体系结构的绝妙之处在于，分拆不同子系统，从而让不同部分各司其职，又不至于造成性能瓶颈（如果通过 NameNode 传递所有数据就会造成极大性能瓶颈）。

在几乎所有 Hadoop 部署中，都有一个 NodeNode 从节点（Secondary NameNode）。虽然 NameNode 没有明确要求必须有，但强烈建议添加从节点。术语 Secondary NameNode（现

⊖　这里的"提交"是指在提交给软件版本控制系统（如 Git）的一次更改。

⊜　Sanjay Ghemawat, Howard Gobioff, and Shun-Tak Leung. 2003. The Google file system. *SIGOPS Oper. Syst. Rev.* 37, 5 (October 2003), 29-43. DOI=http://dx.doi.org/ 10.1145/1165389.945450。

在称为检查点节点）有点误导。它不是完整的故障切换节点，并且在发生故障时无法替换主 NameNode。NameNode 从节点的目的是执行定期检查，如果失败，则保留 NameNode 的状态。有关使用 HDFS 的更多信息，请参见附录 A。

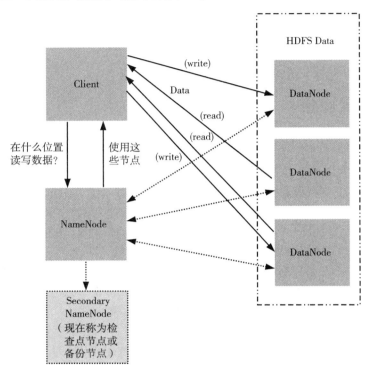

图 3.1   HDFS 架构图展示了 Hadoop 部署中的各子系统的功能。其中元数据和数据用实线
         标注，文件系统和节点状态都用虚线标注

3.1.2 资源管理器和调度程序

调度和资源管理是任何良好的分布式系统的关键。因此，Hadoop 有一个组件可以指导计算资源分配并以最有效的方式调度用户应用程序。这个组件叫作 YARN(Yet Another Resource Negotiator)。

资源管理需要调度任务，尽可能地让数据本地化，这样计算大型作业时资源也不会空闲。 YARN 是一个可插拔的系统，YARN 协调过程中可以充分考虑到用户限制、队列容量以及在共享资源系统上运行的调度任务的正常配置。

YARN 将资源分为不同容器，基本单元为一个 CPU 内核和一定量的内存空间。额外的资源（额外的 CPU、内核、GPU、存储）都可以作为容器的一部分。 YARN 还监测运行中的容器，以确保不超过任务请求的资源（内存、CPU、磁盘和网络带宽）限制。与许多其他工作流调度器不同，YARN 支持数据本地化。也就是说，YARN 作业（例如 MapReduce）可以在托管数据的服务器上的计算容器上运行，或者在尽可能靠近数据驻留位置的计算容器上运行。这种控制级别极其重要，因为其可以确保：分布式系统流畅运行，资源以公平的方式共享，计算容器私有（与其他用户隔离），任务能够及时调度。图 3.2 提供了 YARN 组件的示意图。

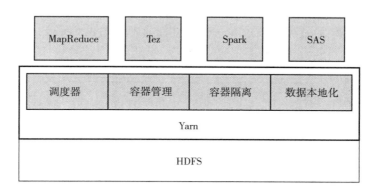

图 3.2　Hadoop 架构：HDFS、YARN 和各种处理引擎——MapReduce、Spark、Tez

3.1.3　分布式数据处理框架

能够高效地读写数据是构建一个分布式系统的必要基础，但单 IO 这一项就不一定使分布式系统特别有用。YARN 在计算机集群中分布式计算，并以可扩展的方式处理 HDFS 中保存的数据。YARN 是如何实现分布式计算的，是本章后续部分的重点内容。

Hadoop 支持的第一个数据处理模式是 MapReduce，MapReduce 原本是谷歌倡导的计算模式。这种计算模式最关键的就是：MapReduce 理念适用于解决许多问题；MapReduce 模型很简单，即使没接受过分布式系统培训的人员也可以使用它来解决问题，且无须构建分布式系统的软件基础架构。这种自由使人们能够专注于他们本身的问题。

并行 MapReduce 被定义为分布式处理模型，其中计算任务可以分为三个阶段：map 阶段、shuffle 阶段和 reduce 阶段。MapReduce 依赖于 HDFS 的数据位置特征和 YARN 的任务管理和资源管理，以有效地运行前述的这个三个阶段的运算。在 map 阶段，通过集群并行处理输入数据，将原始数据转换为键和值。然后，键被按照常用的方式进行排序并 shuffle 到对应的桶中（亦即具有相同键的所有值都保证转到相同的 reducer 节点上）。然后，reducer 节点处理每个键的值，通常将结果存储在 HDFS 或其他持久存储上。

MapReduce 的显著特点是每个阶段都是无状态的或状态非常有限。例如，由于不确定每个阶段的每个工作节点运行在哪些服务器上，因此处理每条输入的数据记录而不考虑之前的任何输入记录。然而，reduce 阶段保证具有相同键的所有值都是可以访问的。这些设计上的保证虽显微不足道，但对许多任务来说已经足够了。

MapReduce 的典型例子是在大量文本语料库中计算出词频。为了透析词频计算的过程，让我们来看看 MapReduce 进程的每个计算阶段。首先，当文本数据加载到 HDFS 中时，数据将被自动"切片"然后复制并分布在 HDFS 服务器中。接下来，每个切片被平行地扫描以使用键 / 值对来对单词计数（亦即为每一个单词创建了一个形如 <word, 1> 的键值对，其代表 word 已经发现 1 次）。这个键值映射会为每次出现的"word"生成。当计数完成时，所有相同的键都将从 map 进程中 shuffle 到 reducer 进程中去。reducer 进程的输入都是特定单词的键值对。在词频计算中，reducer 只是将与该词对应的值求和。最后，reducer 将输出某个单词及其词频总和。map 过程通常如图 3.3 所示，reduce 过程通常如图 3.4 所示。

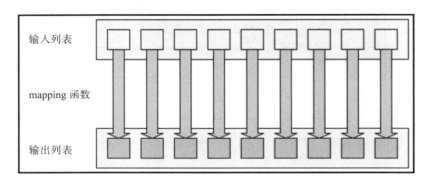

图 3.3   map 阶段：加载到 HDFS 中时，输入列表被分成独立的块。接着并行地对每个块执行映射函数。输出列表也就是键值对的集合

事实证明，许多计算问题都符合 MapReduce 的基本假设。显而易见，所谓的代数方法，可以分解为部分结果并将这些部分结果组合成最终结果（如求和、平均值、计数等），这种方法可以很容易地被构造为 map 和 reduce 任务。没那么显而易见的就是，其他更复杂的任务可以被构造为一组 MapReduce 作业。

并不是所有的任务都可以轻松、有效地甚至可能地被分解为一系列 MapReduce 作业。一个特别的缺点是高度迭代的作业不适合 MapReduce。这些作业可能会分解成多个 MapReduce 作业。作业启动开销加上中间结果必须在每个步骤结束时写出到磁盘，同时需要处理多步工作流的容错，这给程序带来冗长且令人沮丧的体验。在科学计算的编程和需要多次迭代收敛的机器学习算法中，这种情况经常发生。这样的算法在线性代数（例如用于找到特征向量的幂法（the power method））和在机器学习中流行的优化问题（例如梯度下降）中是非常常见的。

YARN 的出现让资源分配从计算模型中独立出来并得到推广，Hadoop 开辟了 MapReduce 以外的计算模型和数据处理引擎的可能性。YARN 是 Hadoop 的一个相对较新的成员，也将支持许多类型的模型，例如库的传统集群计算模型使用的消息传递接口（MPI）。一些新秀（如 Apache Tez、Apache Spark 和 Apache Flink）正说明了这些新通信模型的处理引擎如何赋能以扩展 Hadoop 的功能。

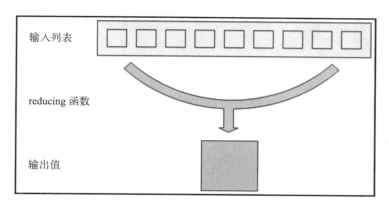

图 3.4　reduce 阶段：map 阶段的输出列表将成为 reduce 阶段的输入列表。如果使用多个
　　　　reducer，则将输入列表通过键值分组，并等 map 处理后 shuffle 到特定的 reducer 进
　　　　程中去。reducer 将输入列表组合（减少）而得输出值

　　Apache Tez 被设计为解决下面的问题：许多计算任务需要将一个 MapReduce 阶段扩展
到多个 reduce 步骤，而且有时不需要在这些步骤之间让数据保持有序。Tez 被创建为使得
执行这种计算任务更有效。Tez 设计主要的动因是需要更有效地接入复杂的数据流，更有效
地加入原生 Hadoop SQL、Hive 中的数据集。一般来说，Tez 不是最终用户使用的工具，而
更多地用于其他项目的较底层的 API 调用。Tez 模型能够直接将作业的一个 reducer 结果转
移到另一个 reducer，而不必将中间数据写入 HDFS。此外，多步联合计算可以更好地表示
为 reducer 的有向非循环图（DAG）⊖，而不是 mapper 和 reducer 的线性流程图。

　　Apache Spark 是一种内存数据处理引擎，具有函数式语言的特性和功能丰富的语法，这
些都有利于数据科学中常见迭代式计算。Spark 是在加州大学伯克利分校的 AmpLab 创建
并成长为一个顶级的 Apache 项目的，其中包括除了 Spark SQL、MLlib 和流处理等基本处
理功能之外的其他组件。Spark 的基本数据结构是 RDD（弹性分布式数据集），RDD 通常是
存储在 RAM 中的分布式对象序列，具有容错支持的隐性机制。为了重建缺少的部分数据，
Spark 可以重新执行数据子集上的操作。Spark 的编程范例提供了内置于模型中的关系运算
符，如 union、distinct、filter 和 join，它们都适用于 RDD。

　　与 Apache Spark 类似，Apache Flink 也是内存处理引擎，但 Apache Flink 更注重实时流
处理。

3.2　Hadoop 的演进历史

　　最初，Apache Nutch 是一款开源搜索引擎软件。互联网档案馆的搜索主管 Doug
Cutting 和华盛顿大学的研究生 Mike Cafarella 在 2005 年开发了 Hadoop 的初始部分来支

⊖　DAG 一般指不能有循环的图形。

持 Nutch 项目。初始灵感来自于 2003 年的分布式文件系统论文和 2004 年 Google 的 MapReduce 论文⊖。

随着项目发展日趋成熟，2006 年 Doug Cutting 来到雅虎，Nutch 的这一特定部分成为雅虎基础架构软件的重要组成部分。很明显，这不仅仅是搜索引擎的一部分，而且是一个可推广的分布式计算框架，值得独立成项。因此，Nutch 将这些组件分拆成一个名为 Hadoop 的独立开源项目，这也出自 Doug Cutting 之手。

即使如此，这也是一个漫长的成长之旅。雅虎花了多年时间将其 Web 索引迁移到 Hadoop 上。然而，Hadoop 确实为雅虎的数据科学家创造了便利的研究环境。Hadoop 很快成为雅虎数据科学大规模计算的重要基础设施。这是一个受呵护且允许犯错的环境，这使得一个不成熟的项目能够成长并富有特性。

不久之后，Hadoop 成为雅虎的核心基础设施，并支持公司的常规分析工作。接着 Hadoop 日趋成熟，调度功能以及适应现代大型搜索引擎业务的性能也得到了提升和保证。此时，用户开始看到 Hadoop 如何成为许多不同业务的核心技术，发现这种情况之后，用户有机会单独创立企业来实现这一目标。

2008 年，Mike Olson 和来自谷歌的 Christophe Bisciglia、来自雅虎的 Amr Awadallah、来自 Facebook 的 Jeff Hammerbacher 创建了 Cloudera，该公司致力于为硅谷以外的世界提供不断增长的对 Hadoop 专业知识的需求。Doug Cutting 马上离开雅虎并加入了这个新的团队，帮助他们传播和完善 Hadoop。

在更广泛的世界中，Hadoop 似乎有一个明确的市场，而 Cloudera 的成功也不容忽视。2011 年雅虎推出了一家名为 Hortonworks 的公司，其目标是将 Hadoop 引入更广泛的行业。Hortonworks 的员工早年就热衷于 Hadoop。

但是，这些创业公司并不是唯一为企业建立 Hadoop 分销业务的公司。像 EMC 和 Intel 这样的大型工业玩家也参与了进来。此外，Hadoop 的开源视野并不是唯一的商业模式，像 MapR 和 Cloudera 这样的玩家会发布专有的组件来减少 Hadoop 相关的瑕疵。

从那时起，自 2.0 版本以来 Hadoop 的功能有所扩展，大众的注意力也转移到 Hadoop 本身的魅力上来了。这个变化已经从 MapReduce 系统转移到了数据中心操作系统，以便实现大规模运行分析的应用。在这段时间里，我们看到重心逐渐转移到解决安全和调度方面的不足，从而使技术更适合大型企业数据中心。

3.3   数据科学的 Hadoop 工具

每个数据科学家都有一套工具来完成他们所熟悉的工作，包括数据摄取、数据质量分析和清理、脚本编写、统计计算、分布式计算和可视化。后续我们将一起探索完成 Hadoop 这

⊖   Jeffrey Dean and Sanjay Ghemawat. 2004. "MapReduce: Simplified Data Processing on Large Clusters." In *Proceedings of the 6th Symposium on Operating Systems Design & Implementation* (OSDI'04), Vol. 6. USENIX Association, Berkeley, CA, USA, 10-10。

些任务常用的工具和框架。

3.3.1　Apache Sqoop

Apache Sqoop 工具专为 Hadoop 和结构化数据存储（如关系数据库或 NoSQL 数据库）之间的高效批量数据传输而设计。

使用 Sqoop 版本 1，用户可以将数据从外部系统导入到 HDFS 中，也能导入 Hive 和 HBase ⊖ 的表中。Sqoop 使用基于连接器的架构，这种架构也是支持插件的。因此，它可以扩展到新的外部来源。另外，Sqoop 还配有通用数据库系统（如 MySQL、PostgreSQL、Oracle、SQL Server 和 DB2）的连接器。Sqoop 版本 1 和版本 2 之间有一些重要区别。有关使用 Sqoop 的更多信息，请参阅第 4 章。

Sqoop 将需要转移到分区的每个数据集切片，并为每个此类分区启动一个 map 作业，以将此数据传输到其目标位置。以下示例使用四个 map 程序（-m 4）从外部 MySQL 地理数据库导入加拿大所有城市的列表，并将结果放在 HDFS 中。

```
sqoop  --options-file world-options.txt -m 4 --target-dir \
/user/hdfs/sqoop-mysql-import/canada-city --query "SELECT ID,Name \
from  City WHERE CountryCode='CAN' AND \$CONDITIONS" --split-by ID
```

如之前所提及的，有关 Apache Sqoop 的更详细示例可以在第 4 章中找到。

3.3.2　Apache Flume

Apache Flume 是一种分布式、可靠和可用的服务，主要用于从服务器高效收集、聚合并移动大量日志数据到 HDFS。Flume 具有一个简单而灵活的架构，这个架构包含将数据从源位置传输到汇聚点位置的"代理"。Flume 是稳健的，也能容错，因为 Flume 具有灵活的可靠性机制以及许多故障转移和恢复机制。

使用 Flume 时，至少需要两个 Flume 代理（每个代理都有自己的源和汇聚点位置），一个用于源，一个用于收集器。Flume 也可能有多个来源，多个 Flume 代理可能被流水线化。以下命令使用 web-server-source-agent.conf 配置文件在源主机（例如 Web 服务器）上启动 Flume。

```
flume-ng agent -c conf -f web-server-source-agent.conf -n source_agent
```

在 Hadoop 集群上运行的收集器代理将收到源数据并将其写入 HDFS。收集器代理的配置是通过 web-server-target-agent.conf 文件设置的。示例命令如下所示：

```
flume-ng agent -c conf -f web-server-target-agent.conf -n collector
```

Apache Oozie 和 Apache Falcon 是 Hadoop 的数据处理和管理解决框架。每个工具涵盖

⊖　Apache HBase 是一款受欢迎的且适用于 Hadoop 的键值存储框架。本书中没有介绍，但感兴趣的读者可以在 https://hbase.apache.org/ 上找到相关信息。

各种级别的数据移动、数据管道协调、生命周期管理和数据发现。Falcon 使终端消费者能够快速地在 Hadoop 集群上嵌入数据,并能做相关的处理、管理任务。

有关 Apache Flume、Apache Oozie 和 Apache Falcon 的更多详细示例,请参见第 4 章。

3.3.3 Apache Hive

Apache Hive 最先在 Facebook 内部创建,以满足他们的工程师在 Hadoop 上运行 SQL 分析的需求。随后 Hive 开源,并持续作为一个充满活力的项目。Hive 查询被"编译"为 DAG 的任务放到 Tez [⊖]中,接着由 Hadoop 集群上的 Tez 引擎执行。在以往的时候,Hive 主要面向大批量 SQL 查询,可能需要几个小时或几天时间。随着 Hive 开发社区持续改进,Hive 变得越来越快,现在也支持交互式和实时查询。

SQL 已经在数据科学家的工具集中存在一段时间了,因此,它将继续以与 Hive 相同的身份进行服务,这并不奇怪。了解数据的基本属性和基本特征是 SQL 的一个重要而有用的功能。通过 Java 数据库连接(JDBC)或开放式数据库连接(ODBC)以及与 Hive 进行交互的强大的命令行界面(CLI)程序,可以对第三方工具进行多种集成。

还有一些很好的程序扩展点,用于在 Hive 中封装自定义函数功能。这将开辟从 Java 生态系统到企业数据科学家的工具链。这些如下:

❑ 用户自定义函数(UDF)
❑ 用户自定义的聚合函数

用户定义的函数适用于某些给定的输入,不超出传入数据时的上下文。虽然这听起来微不足道,但实际上却相当强大,比如可以使用少量数据完成许多工作,尤其是在数据复杂的情况下,例如,将 OpenNLP 的自然语言处理(NLP)函数包加载到 Hive UDF 中可以增添一些有趣的数据分析可能。

用户定义的聚合函数是对整个数据集进行操作的函数。聚合函数需要构建一些聚合状态的操作,其大小与数据的大小不相关。例如,可以构建具有固定桶大小的直方图函数作为用户定义的聚合函数。桶和计数作为聚合状态,并且随着数据在函数中流式传输,桶计数也随之被更新。用户定义的聚合函数的一个重要方面是它们是代数的结果,这意味着部分结果可以合并。这个功能是明智的,因为可以在不同的节点上大规模应用这些函数,并在底层的 reducer 中合并实现。创建自定义聚合函数时不一定需要了解此实现细节,但有助于理解基本概念。

在日本的信息技术研究所,使用 Hive 的扩展 Hivemall [⊜]来构建机器学习的基本算法。Hivemall 拥有各种各样的算法,包括分类、回归算法以及一些信息检索算法(如 MinHash,一种基于集合相似性的局部敏感哈希算法,可实现可扩展的聚类功能)。这说明了这种扩展性的强大性能。

Hive 是一个具有众多功能的复杂系统,对其完整描述已经超出了本书的范围。可以参考《Hive 编程指南》(Edward Capriolo 等著,人民邮电出版社出版)了解更多细节。

⊖ 在撰写本书时,相对较新的子项目 Hive-on-Spark 可以使用 Spark 代替 Tez 来执行 Hive 查询。
⊜ https://github.com/myui/hivemall。

我们来看一个简单的例子，说明如何使用 Hive 实现 word-count。可以从 Hive 命令行实用程序或基于 JDBC 的 SQL 实用程序运行：

```
CREATE TABLE docs (line_text STRING);
LOAD DATA INPATH '/user/demo/text_file.txt' OVERWRITE INTO TABLE docs;
CREATE TABLE word_count AS
  SELECT word, count(1) AS count FROM
    (SELECT explode(split(line, '\s')) AS word FROM docs) word
  GROUP BY word
  ORDER BY word;
```

3.3.4　Apache Pig

Apache Pig 在雅虎内部创建以适应在 Hadoop 内部实施多步骤数据提取、转换和加载（ETL）的需求。

Pig 是一种应用于特定域的语言（DSL），旨在帮助 ETL 任务。Pig 具有关系原语以及轻松将每个处理分解为多个逻辑步骤的能力，这些步骤被优化，以让 MapReduce 或 Tez 作业⊖执行时数量最少。

Hive 在执行特定或临时的查询时光芒四射，而 Pig 在需要许多中间结果且更复杂的分析中则显得更加耀眼。区分两者一个很好的经验法则就是，当发现自己在 Hive 中进行许多连接或有许多中间表时，Pig 的语法可能更适合。

正如 Hive 一样，Pig 具有用户自定义函数的功能来扩展其功能。例如，用户可以使用 JVM 上的任何语言创建函数，也可以让自定义函数进行串行流式处理，这些自定义函数也还可以是 Pig 进程内可调用的任何外部语言实现。

就像 Hivemall 是 Hive 自定义的函数集合一样，Pig 也有类似的工具集。 Apache Datafu 是一组 Pig 用户自定义的函数，其目的是提供一些工具，使 Hadoop 平台上的数据科学任务更便捷。 Datafu 是一个由 LinkedIn 发起的 Apache 孵化项目。 Datafu 包含比 Pig 内置的更强大的采样技术。Datafu 支持各种采样功能，比如固定数据集合里统一采样，而不是百分比、加权抽样或替代抽样。Datafu 支持描述性统计，如计算分位数、中位数和方差。此外，还有一些用户定义的函数可以使用流算法计算描述性统计量，这些算法是更有效的分位数、中位数和基数的估计算法。

对 Pig 的详细描述远远超出了本书的范围，但是我们向读者推荐一本优秀的书《Pig 编程指南》（Alan Gates 等著，人民邮电出版社 2013 年出版）。

接着，让我们来看一个简单的 Pig 脚本例子，这个例子可以在叫作 grunt 的 Pig 命令行中运行：

```
SENTENCES = load '/user/demo/text_file.txt';
WORDS = foreach SENTENCES generate flatten(TOKENIZE((chararray)$0)) as word;
WORD_GRP = group WORDS by word;
WORD_CNT = foreach WORD_GRP generate group as word, COUNT(WORDS) as count;
store WORD_CNT into '/user/demo/wordcount.txt';
```

⊖　与 Hive 类似，一个相对较新的计划是使用 Spark 作为基础的 Pig-on-Spark 执行引擎。

在这个例子中，首先将输入文件从 HDFS 加载到由输入文本行组成的关系 SENTENCES 中。然后使用 foreach 这个映射算子，用 TOKENIZE 内建函数将每一行分词。使用 group by 操作符和 COUNT 内置函数，我们就计算出了每个单词的词频。最后，将结果输出到 wordcount.txt 并写到 HDFS 文件中。

3.3.5 Apache Spark

如前所述，Apache Spark 是一个相对较新的分布式内存数据处理的框架。Spark 支持交互式数据处理，支持 Scala 和 Python，这对数据的预处理非常有效。

Spark 的主要抽象结构可以应用各种关系代数运算符（如 select、filter、join、group by 等）以及任何其他转换逻辑（在 Scala 或 Python 中）的弹性分布式数据集（RDD）。

在这个抽象结构之上，有一个更新颖、更方便的抽象结构，称为 DataFrame。Data-Frame 使数据切片和切块更容易。这个 API 让人想起 Python Pandas 库中方便的切片和切块 API。

让我们来看看 Spark 的一个简单例子（使用 Scala），这个例子可以通过 Spark Scala 命令行运行：

```
val file = sc.textFile("/user/demo/text_file.txt")
val counts = file.flatMap(line => line.split(" "))
                 .map(word => (word, 1)
                 .reduceByKey(_ + _)
counts.saveAsTextFile("/user/demo/wordcount.txt")
```

随着自身的不断成熟，Spark 相比原来基于 RDD 的处理引擎提供了更多的功能（如图 3.5 所示）。

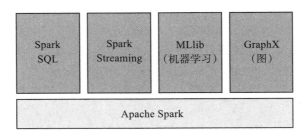

图 3.5　Spark 架构

Spark SQL 在分布式数据集上提供了 Hive SQL 的替代方案。在 Spark Core 的基础上实现，Spark SQL 既支持传统的 SQL 查询，也支持 DataFrame API。Spark SQL 提供了一个更具编程性的 API，用于处理大型数据集的快速高效的关系代数。Spark SQL 最有意思的一件事情是，用户可以上一步在 SQL 中进行一些处理，紧接着下一步使用 Spark 处理上一步的输出，而不需要将数据写出到磁盘。

Spark MLlib 提供了一个与 Spark 工具集集成的机器学习库，并提供了在分布式数据集上的各种机器学习算法的实现。随着 Spark MLlib 的每个新版本的不断发布，支持的算法库也逐渐丰富，目前已经包含了许多最常见的算法，如线性和逻辑回归、支持向量机（SVM）、决策树和随机森林、k 均值聚类、奇异值分解（SVD）等。

　　Spark GraphX 提供了一个用于在 Spark 上的图形和并行图形计算的库，它支持常见的算法，如 PageRank、标签传播、三角形计数等。

　　Spark Streaming（如图 3.6 所示）是 Spark 的一个组件，用于构建可扩展、高容错的流应用程序，类似于 Apache Storm⊖。此功能采用正常 Spark API 的扩展形式，并且可以处理数据片。而正常的 Spark 数据集抽象是单个弹性分布式数据集（RDD），Spark 流数据集抽象是一个离散化流（DStream）。然后处理可以发生在流数据的这些离散化片段上。

图 3.6　Spark Streaming

3.3.6　R

　　R 是用于数据操作、计算、统计分析和图形显示的开源语言和环境。R 最初是由 AT & T 实验室开发的，现在 R 已经是用于数学计算、统计分析和机器学习的一种成熟、强大且非常流行的语言。

　　R 通常是开发新的交互式数据分析方法的第一个工具。R 发展迅速，目前已扩展到拥有 6000 多个函数包了。

　　由于拥有用于分类、回归、聚类、贝叶斯学习和其他许多任务的强大软件包，R 语言是建模和可视化最常用的工具之一。R 功能包括以下内容：

❑ 内置的 Data Frame 功能，通过强大的软件包（如 data.table、dplyr 等）进行扩展。

❑ 通过 lm() 和 glm() 对广义线性模型的内置支持。

❑ 其他机器学习算法包括随机森林、gbm（梯度提升器）、glmnet（lasso 和 elastic-net GLM）、nnet（神经网络）、rpart（决策树）和 cluster（聚类分析）。

❑ 集成在基本的 R 环境中的强大的可视化功能，用户可以通过 ggplot 等软件包进行扩展。

❑ 使用软件包（如 tm）进行文本挖掘。

目前已经开发了各种 R 软件包，以便与 Hadoop 进行交互。在 R 环境中现有：

❑ RHadoop ——包含 RMR（来自 R 的 MapReduce）、RHDFS（从 R 访问 HDFS 文件）和 RHBASE。

❑ RPlyr——"plyr"类似于 HDFS 数据的接口。

❑ RODBC——R 里的 ODBC 接口，通常用于直接从 R 控制台与 Hive 进行数据交互。

举一个例子，让我们来看看如何通过 RStudio 或 R 命令行运行 RMR 来实现字数统计：

⊖　Apache Storm 是一个开源的流媒体平台，可以在 Hadoop 上运行：http://storm.apache.org/。

```
Library(rmr2)
wordcount = function(input, output=NULL) {
  wc.map = function(., lines) {
    keyval(unlist(strsplit(x = lines, split = " ")), 1)
  }
  wc.reduce = function(word, counts) {
    keyval(word, sum(counts))
  }
  mapreduce(input, output, input.format="text",
            map=wc.map, reducer=wc.reduce, combine=T)
}
```

SparkR 项目（现在正式成为 Apache Spark 的一部分）是一个相对较新但是非常有前途的 R 世界的新成员。 SparkR 为 R 迷提供了一些令人兴奋的（虽然目前是有限的）将 R 整合到 Spark 中的特性：

❑ 熟悉的 Spark DataFrame API，可用于在 Hadoop 上处理大型 DataFrame 数据集。
❑ 对 Hadoop 内部的数据执行 SQL 查询的能力。
❑ 通过 Spark on R 可执行的适当的机器学习基础算法；例如目前开始支持 glm、naïve-Bayes 和 k 均值聚类。

3.3.7 Python

Python 是一种功能强大的通用编程语言，而且最近在数据科学中的使用率增长不少，这主要是由于开发了用于数据操作和机器学习的强大 Python 包：

❑ Pandas 是一个功能强大的 Python 软件包，用于使用 Data Frame 抽象进行数据操作和分析。
❑ NumPy 是用于科学计算的基本 Python 库，它包含一个强大的 n 维数组对象和用于线性代数、傅里叶变换和随机数生成的工具。
❑ SciPy 是科学、数字计算和优化的另一个基本 Python 库。
❑ matplotlib 是一个经常用于可视化的 Python 2D 绘图库。
❑ NLTK 是一个用于文本挖掘和自然语言处理的 Python 库。
❑ Spacy 是一个用于自然语言处理的 Python 库，专为工业应用而设计，着眼于性能和稳定性。
❑ scikit-learn 是一个与 NumPy 和 Pandas 集成良好的 Python 机器学习库。

Python 也是构建 Hadoop 应用程序的第二种常用语言（在 Java 之后）：

❑ Python 通常用于有 Hadoop Streaming、Pig 或者 Hive UDF 的 MapReduce 应用中。
❑ Python 是 Spark（PySpark）的核心 API 之一。
❑ 有各种各样的软件包可以通过 Python 环境与 Hadoop 进行交互，比如 Pydoop。

再给一个例子，让我们看看如何使用 PySpark 编写字数统计，可以通过 Spark PySpark 命令行程序运行：

```
file = sc.textFile("hdfs://some-file")
counts = file.flatMap(lambda line: line.split(" ")) \
        .map(lambda word: (word, 1)) \
                .reduceByKey(lambda a, b: a + b)
counts.saveAsTextFile("hdfs://wordcount-out")
```

3.3.8　Java 机器学习软件包

虽然 R 和 Python 在数据科学领域更受建模者的欢迎，但 Java 也是一个强有力的竞争者，并且 Java 有许多用于预处理和建模的成熟库：

- ❑ WEKA 是 Java 中用于各种数据挖掘任务的机器学习算法的集合。
- ❑ Vowpal Wabbit 是一个基于 Java 的快速机器学习库，最初是在雅虎开发的，接着在微软研究院存续。
- ❑ OpenNLP、CoreNLP 和 Mallet 是用于统计自然语言处理和其他文本挖掘任务的基于 Java 的包。

作为 Hadoop 环境中的一等公民，Java 继续被频繁用于基于 MapReduce、Tez 或 Spark 的应用程序中的预处理任务，以及 Pig、Hive、Cascading 中的用户自定义函数。

3.4　Hadoop 为何对数据科学家有用

像其同名框架一样，大部分数据科学实践是构建假设、设计实验和迭代。Hadoop 几乎让数据科学实践没有阻力，归功于以下几个基本属性：

- ❑ 经济高效的容错存储
- ❑ 多语言工具
- ❑ 读取模式
- ❑ 强大的调度和资源管理
- ❑ 多层次的分布式系统抽象
- ❑ 可扩展的模型创建
- ❑ 可扩展的模型执行

3.4.1　成本有效的存储

在商用硬件中运行内置弹性的开源软件带来的令人欣喜的结果是：每太字节（TB）的成本极低。这带来了一些过去不可能有的机会。

拥有一个可以便宜地处理 PB 级数据的系统，意味着可以收集更多的数据。一个必然的结果就是：围绕收集哪些数据的公司规范，应当从一个封闭模型转向一个开放模型。也就是说，之前在许多企业中，实现的方案只是收集已知有用的数据，现在可以更便宜地存储和处理更多的数据，因此除非已知是无用的数据都应该被存储。

建立可以存储中间数据形式的数据转换流程，给数据分析和故障排除带来了极大的便利。此外，能够通过转换流程追踪数据，可以更好地理解数据背后隐藏的信息，并有时需要对数据进行可逆的剔除。这也意味着任何数据流程中的第一次转换应该是用户维度身份信息的转换。更简单地说，公司应该首先在平台内以原始格式存储数据。作为对数据进行细化的一部分，应该将多组用户的数据转换为统一存储。这个转换树应该保持一个谱系的存储，以协助数据科学家完成对数据的理解。

除了辅助理解具有数据视图系统的数据之外，如果能够灵活地保留更久的中间数据或实验数据，用户还可以在 Hadoop 平台内获得更方便的体验。除了单个数据科学家之外，这些数据不一定是可见的或有意义的，但是快照数据和不变的数据集大大简化了许多任务。

3.4.2　读取模式

通常以往在以关系数据库为中心的系统中，在将数据加载到 RDBMS 之前（这通常称为"写入模式"），人们将重点和注意力主要放在了完善数据模式上。可能有许多工程方面的利益相关方、数据科学、分析师或其他团队会考虑的因素包括性能、使用模式和其他方面。在这些问题上达成共识，特别是对于复杂的数据，可能需要一定的时间，从而会延迟数据摄取和数据分析（更重要）。

Hadoop 及其生态系统与其他 NoSQL 系统非常相似，都是为了推广不同的模型而设计的，即读取模式。读取模式意味着可以在运行时解释输入的数据（比如在 Hive、Pig 或 Spark SQL 的查询情况下）。由于读取模式与磁盘上的结构是分开的，因此我们从数据的存储中解耦数据解释。数据的存储格式可能大不相同（例如 JSON 格式或 XML 格式），而"读取的模式"可以将底层数据结构展开成读取到的表格格式。

这种方法意味着在摄取数据之前就必须进行更少的前期工作和谈判协商，这将大大缩短数据分析的时间。由于低成本的存储，这也意味着从各方摄取数据后可立即进行数据的理解和自定义转换。一旦更好地理解了数据，就可以创建用例，并且可以切割普通的物化视图。正如你所看到的那样，这个过程更加有机地进行，前期花费较少，因此，为了适合所有感兴趣的各方而设计一个统一的视图的概率要低得多。

此外，读取模式意味着用户可以在相同的原始数据上同时拥有多个解释。

3.4.3　非结构化和半结构化数据

现代数据仓库的大部分依赖于不能存储不能被解释的数据原则。这个原则部分是由于存储的高成本和读写架构的强大耦合。非结构化和半结构化的数据往往是庞大的，解释起来总是特别烦琐。这些数据通常采取自由文本或日志数据的形式。如果要在所有利益相关者达成的既定结构下进行解读，这就成为一个难以逾越的挑战。因此，这些数据往往是被中途抛弃。

将数据以原始形式存储并在数据理解之后构建处理流水线的理念，与便宜的存储相结合消除了摄取非结构化和半结构化数据的传统障碍。数据可被引入 Hadoop，根据紧急程度和价值，立即或稍后对其进行分析，并在分析人员的闲暇时转换到丰富的现有数据集中。

　　当这种类型的数据被传统方式采集时，在存储之前数据被转换为结构化的形式。这一步有一个问题，即转换中出现错误时需要重新获取数据，有时甚至需要处理所有的数据。

　　使用 Hadoop，由于数据存储在分布式计算环境中，因此可以纠正半结构化或非结构化数据的微小错误，并且可以以线性比例重新运行数据摄取过程。显而易见，错误绝不是一件好事，但能够在不产生令人咋舌的成本的情况下纠正错误就解决了大家的痛点。

3.4.4　多语言工具

　　我们已经讨论了 Hadoop 上的脚本语言（Hive、Pig、Spark 等），但 Hadoop 的好处之一是与非 Java 语言的丰富集成。数据科学工具因实践者而异，多数情况下使用的语言各不相同，语言的使用取决于所解决的问题。总的来说，普遍的理念是"为工作使用正确的工具"。

　　Hadoop 主要支持 Java 和 JVM 语言，因为 Hadoop 主要用 Java 编写。但是，通过流式处理系统，Hadoop 可以与任何可执行文件进行低级集成。这个特性使 Hadoop 能够通过标准输入和标准输出，以典型的 Unix 方式与 mapper 和 reducer 的实现进行通信。

　　向上一步的抽象链，像 Hive 和 Pig 这样的脚本语言都包含用 Jython、Scala 或 Clojure等 JVM 语言编写的用户自定义函数的功能。此外，用户可以用 Hive 和 Pig 的流处理 UDF来编写非 JVM 语言的用户自定义函数。Spark 与 Scala、Java 或 Python 的集成是内置的，并且已经很好地集成在 API 中。

　　扩展点和更紧密的整合越来越多地开始被视为系统扩展，以获得喜欢使用更通用系统的人们的兴趣。随着 YARN 的出现，这种趋势得到了促进。YARN 允许多种类型的分布式通信框架。早期我们需要将数据从 Hadoop 中提取出来并集成到另一个专有系统中进行分析。而使用 YARN，更多的系统实际上是在 Hadoop 中进行配置和运行的。

　　专有系统（如 SAS 或 SAP）已将其系统移植到 Hadoop 内部运行。微软通过收购Revolution Analytics，正在与开源系统（如 R to Hadoop）进行更直接的整合。从根本上说，随着 Hadoop 在数据中心中的应用越来越多，用户将看到更多的人与之紧密地联系在一起。

3.4.5　强大的调度和资源管理功能

　　如果用户认真对待 Hadoop 和用于运行分析应用程序的操作系统之间的类比，那么一件事必定首当其冲：资源管理和调度。现代操作系统的主要作用之一是，在资源（如 CPU、内存和磁盘）有限的情况下，使许多用户能够同时执行应用程序。就像操作系统一样，Hadoop必须使许多应用程序能够在资源有限的情况下在单个 Hadoop 集群上运行。

　　这里的资源是指整个集群可用的 CPU 和内存。当数据科学家考虑如何在集群中分布他们的算法时，这种能力是令人感兴趣的。例如，某些算法的内存要求很高，需要大量的数据才能正常工作，而其他算法则可以在有限的内存和单个数据元素上工作。让一个集群可以同时适应两种类型的工作负载，对于提高效率来说是一件好事，这意味着跨部门或集团的资源可能集中在一个具有强大的突发功能的更大集群上。

然而，与资源管理同样重要的是为某些类型的应用程序保留计算能力。基于应用程序组或类型的这种类型的集群管理和调度使得研究人员能够在同一集群上共存高优先级、低服务级别协议的作业，这些作业必须在特定的时间范围内运行。

3.4.6 分布式系统抽象分层

阅读媒体对 Hadoop 的评价，不难发现 Hadoop 是一个可以在 PB 级数据上运行分布式 SQL 的系统。像往常一样，事实更加有趣和复杂。

用户可以通过几个级别与 Hadoop 进行交互，以构建分析应用程序并提出有关的数据问题。最底层是直接与一个原始的通信模型（如 MapReduce）进行交互的。如果用户的应用程序或查询适宜分布式系统分层，并且很简单，那么这个模型往往是有用的。例如，对于 MapReduce，如果查询可以用直接的方式被分解成单个 MapReduce 作业，那么这将特别有用。这样做的好处通常是速度更快，但不得不通过通用编程语言（如 Scala 或 Java）与低级组件进行交互而增加复杂性。

在下一个抽象层上的组件将把用户的查询分解成多个更基本的单元，比如 MapReduce 作业或者 Tez 流程。但是这些基本单元仍然在程序层面与 Hadoop 进行交互。这样做的好处是更好的表达和可能更强大和更复杂的原语（primitive）。例如，Spark 在其原语中有一些关系和集合运算。对此的折中是用户必须了解如何使用更复杂的原语，因为这些原语可能有意想不到的性能表现。而且，和以前一样，必须通过一个通用编程语言（如 Scala 或 Java）与系统进行交互。

已被移除的一层是支持给定访问模式的脚本语言的。这种例子包括用于 ETL 风格操作的 Pig 和用于关系结构化查询的 SQL（用 Hive SQL 或 Spark SQL）。这样做的好处是这些类型语言的学习成本通常很低，但是这些语言是有其专长的，以至于从这些语言专长的地方挣脱出来可能会导致可怕的复杂性，甚至不可能。

最上一层是针对特定领域的应用程序，这些应用程序旨在解决单个问题并做得非常好，通常能创建易读的可视化或报告。但弊端是，除非开发人员允许你修改参数，它们的适应性不是很好。然而，这些应用程序针对其特定目的往往很快速且功能齐全，因为其可以针对特定领域做专业的优化。

3.4.7 可扩展的模型创建

前面所述的功能非常好，而且经常能激发数据科学家、数据应用程序开发人员和必须维护 Hadoop 集群的业务员的共同兴趣。然而，数据科学家所主要关心的是：使用 Hadoop 创建大规模模型的能力。

无论是基本统计模型还是机器学习模型，创建模型都需要通过聚合、采样和分析来探索数据。在这个任务中，Hadoop 毫无疑问可以提供帮助。

对于有监督的机器学习模型，必须向算法呈现包含特征向量和预期结果的样本，以建立一个可以应用于结果还未知的预测数据的模型。这个过程可以分为两个阶段：数据准备（特征提取）和模型训练。

在数据准备阶段，问题看起来类似于提取、转换和加载过程，数据被合并、丰富、汇总并转换为模型的输入，称为特征矩阵。像 Pig 或 Spark 之类的 Hadoop 工具都非常适合这类操作。

根据所使用的机器学习算法，模型训练阶段可以通过几种方式使用 Hadoop。Spark 的 MLlib 提供了以分布式和并行方式实现的强大的机器学习算法库（如广义线性模型、决策树、随机森林等），使数据科学家能够利用 Hadoop 集群。

如果算法不是可并行化的，或者在 MLlib 中没有实现，那么有几个选项可供用户选择。用户仍然可以使用 Hadoop 构建数据样本来训练数据。另外，可以并行地训练多个样本上的多个模型或者进行超参数调整。

对于 Hadoop 能够何时何地在模型创建过程中提供帮助，本书后面将会深入介绍。这里只是让用户体验一下将看到的广泛的方法。

3.4.8　模型的可扩展应用

对大型数据集进行模型应用或评分，是一个令人尴尬的并行过程。但这在 MapReduce 上下文或任何更高级别的抽象（如 Pig、Hive 或 Spark）中却能很好的应用。

一般来说，有两种情况：将模型批量应用于已有的大数据集；将模型集成到实时应用程序流程中。

为了批量运行模型，使用 Hadoop 的主要原因就是速度，这是通过在集群上分配任务来实现的。

如果模型能够在 Java 中使用，那么可以通过在 Pig 或 Hive 中创建用户自定义的函数，或者直接从诸如 Spark 或 MapReduce 等编程接口中调用它来轻松地与其交互。如果模型不能在 JVM 中运行，那么通常使用 Hadoop Streaming 进行处理。Hadoop Streaming 是一种将 MapReduce 作业中的任何可执行文件作为其 map 或 reduce 阶段调用的方法。如果使用 R、C/C++ 或 Python 编写模型，则此功能非常有用。这种方法会导致性能变差，但与通过计算机集群扩展用户模型应用程序的能力相比，这只是九牛一毛而已。

另外，如果可以将模型导出到预测模型标记语言（PMML）⊖中，则会有特殊的库和实用程序可以帮助用户从 Hadoop 内导出 PMML 模型。

Hadoop 的流式框架（如 Storm 或 Spark Streaming）提供了将模型集成到实时应用程序流程中的自然方式，例如，训练有素的欺诈模型可以用来实时识别潜在的欺诈交易。

3.5　小结

在本章中：

⊖　PMML 是用于预测模型的工具不可知的基于 XML 的交换格式。有关更多信息，请参阅 https://en.wikipedia.org/wiki/Predictive_Model_Markup_Language。

- ❑ 我们回顾了 Hadoop 平台及其历史演变。
- ❑ 我们研究了 Hadoop 上可用的一些关键数据处理引擎，如 HDFS、YARN、Hive、Pig、Spark、Sqoop 和 Flume，以及流行的建模工具，如 R 和 Python。
- ❑ 我们讨论了为什么数据科学家喜欢 Hadoop，以及如何以经济高效的存储方式、读取模式以及处理结构化和非结构化数据的能力使其更高效。

第二部分

用 Hadoop 准备和可视化数据

第 4 章

将数据导入 Hadoop

你可能拥有没有信息的数据，但是没有数据你就不可能拥有信息。

——Daniel Keys Moran

本章将介绍：

❑ 数据湖概念这种新的数据处理范例。

❑ 将 CSV 数据导入 HDFS 和 Hive 表的基本方法。

❑ 使用 Spark 将数据导入 Hive 表或直接用于 Spark 作业的其他方法。

❑ 使用 Apache Sqoop 从 HDFS 导入、导出关系数据。

❑ 使用 Apache Flume 将流式数据（例如网络日志）传输和收集到 HDFS 中。

❑ Apache Oozie，用作 Hadoop 数据摄取作业的工作流管理器。

❑ Apache Falcon 用作在 Hadoop 集群上进行数据治理的框架。

无论需要哪种数据处理，通常都有一种从 Hadoop 分布式文件系统（HDFS）导入或导出这些数据的工具。数据一旦存储在 HDFS 中，就可以通过 Hadoop 生态系统中可用的任意数量的工具处理这些数据。

本章首先介绍 Hadoop 数据湖的概念，然后概括介绍 Hadoop 中的主要工具（Spark、Sqoop 和 Flume）以及一些具体用法示例。Oozie 和 Falcon 等工作流工具是帮助管理数据摄取过程的工具。

4.1 Hadoop 数据湖

数据无处不在，但其存储和访问不一定都很容易。事实上，许多现有的 Hadoop 之前的数据架构往往是相当严格的，因此难以处理和修改。而数据湖概念改变了这一切。

那么，什么是数据湖呢？

使用更传统的数据库或数据仓库方法，将数据添加到数据库中需要将数据转换为预定义的模式，然后才能将数据加载到数据库中。这个步骤通常被称为"提取、转换和加载"

（ETL），并且在将数据用于下游应用程序之前，通常会耗费大量时间、精力和费用。更重要的是，关于如何使用数据的决定必须在 ETL 步骤中进行，后续的变更会导致成本特别高。另外，数据在 ETL 步骤中经常被丢弃，可能因为它们不适合现有数据格式定义，或者被认为是不需要的，或者对于下游应用是没有价值的。

Hadoop 的基本功能之一是 Hadoop 分布式文件系统（HDFS）中所有数据的中央存储空间，这使得可以用比传统系统低得多的成本实现大数据集的廉价、冗余存储。

这促成了 Hadoop 数据湖方法的产生，其中所有数据通常都以原始格式存储，并且当数据由 Hadoop 应用程序处理时，可执行 ETL 步骤。这种方法，也称为读取模式（schema on read），使得程序员和用户可以在访问数据时定义一个结构以满足他们的需求。传统的数据仓库方法，也被称为写入模式，需要更多的前期设计并要预测数据最终如何使用。

出于数据科学的目的，以原始格式保存所有数据的能力是非常有益的，因为我们通常不清楚哪些数据项对于给定的数据科学目标可能是有价值的。

就大数据而言，数据湖与传统方法相比具有三大优势：

- ❏ 所有数据都是可用的。没有必要对未来的数据使用做出任何假设。
- ❏ 所有数据都是可共享的。多个业务单位或研究人员可以使用所有可用的数据⊖，其中一些数据可能由于独立系统上的数据隔离而不可用。
- ❏ 所有读取方式都可用。可以使用任意处理引擎（MapReduce、Tez、Spark）或应用程序（Hive、Spark-SQL、Pig）来检查数据并根据需要进行处理。

需要清楚的是，数据仓库是有价值的业务工具，并且 Hadoop 是被设计对其锦上添花的，而不是取而代之。尽管如此，传统的数据仓库技术是在数据湖开始填充大量数据之前开发的。来自不同来源（包括社交媒体、点击流、传感器数据等）的新数据的增长使得我们开始快速填充数据湖。传统的 ETL 阶段可能无法跟上数据进入数据湖的速度。每个工具都是为满足某些需要而设计的，但往往有重叠。

传统数据仓库与 Hadoop 的区别如图 4.1 所示。

我们可以看到不同的数据源（A、B、C）进入 ETL 或数据湖的过程。ETL 过程以一定格式将数据存储（写入）到关系数据库的数据中。数据湖以原始形式存储数据。当一个 Hadoop 应用程序使用这些数据时，模式架构将被应用到从湖中读取的数据。请注意，ETL 过程中经常会丢弃一些数据。在这两种情况下，用户都可以访问他们需要的数据。但是，对于 Hadoop 来说，只要数据在数据湖中可用，就可获取。

4.2 Hadoop 分布式文件系统

几乎所有的 Hadoop 应用程序都使用 HDFS 存储数据。HDFS 的操作与大多数用户习惯使用的本地文件系统是分开的。也就是说，用户必须显式复制数据到 HDFS 文件系统或

⊖ 当然，使用所有可用数据的能力，正如用户所期望的那样，可以通过适当的安全策略（如 Apache Ranger 等 Hadoop 工具）进行管理。这里的关键是数据共享没有技术障碍，传统数据架构通常也是这样的。

从 HDFS 文件系统复制数据。HDFS 不是一个通用的文件系统，因此不能用来替代现有的 POSIX（或类似于 POSIX）的文件系统。

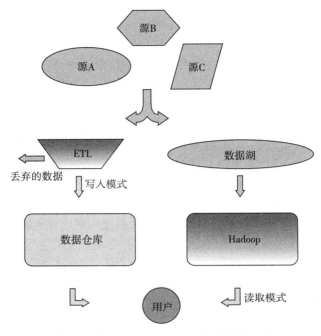

图 4.1   数据仓库与 Hadoop 数据湖的对比

一般来说，HDFS 是专门用于大型文件读写的流文件系统。在写入 HDFS 时，数据在 Hadoop 集群中的服务器上 "切片" 并复制。切片过程会创建较大文件的许多小型子单元（数据块），并将其透明写入集群节点。可以并行（同时）处理各个切片，从而实现更快的计算。用户看不到文件切片，而是像处理普通文件系统一样与 HDFS 中的整个文件进行交互（即文件可以被移动、复制、删除等）。将文件从 HDFS 传输出来时，这些切片将在主机文件系统上整合并写入一个文件。

切片或子单元也在不同的服务器上复制，这样任何单个服务器的故障都不会导致数据丢失。由于其设计理念的限制，HDFS 不支持随机读取或写入文件，但支持添加文件。请注意，出于测试的目的，也可以在单个硬盘驱动器（即便携式计算机或台式计算机）上创建 HDFS 的单个实例，在这种情况下，不会在文件上执行文件切片或复制。

4.3   直接传输文件到 HDFS

将数据移入和移出 HDFS 的最简单方法是使用本机 HDFS 命令。这些命令是与 HDFS 文件系统交互的包装器。本地命令（如 cp、ls 或 mv）仅适用于本地文件。要将文件（test）从本地文件系统复制到 HDFS，可以使用以下 put 命令：

```
$ hdfs dfs -put test
```

要在 HDFS 中查看文件，请使用以下命令。结果是一个类似于本地执行的 ls -l 命令的完整列表：

```
$ hdfs dfs -ls
-rw-r--r--   2 username hdfs        497 2016-05-11 14:32 test
```

要将文件（another-test）从 HDFS 复制到本地文件系统，请使用以下 get 命令：

```
$ hdfs dfs -get another-test
```

其他 HDFS 命令将在示例中介绍。附录 B 提供了基本的命令示例，包括在 HDFS 中列出、复制和删除文件。

4.4　将数据从文件导入 Hive 表

Apache Hive 是一个类似于 SQL 的工具，用于分析 HDFS 中的数据。数据科学家通常希望将数据从电子表格或数据库导出的现有基于文本的文件导入 Hive 中。这些文件格式通常包括制表符分隔值（TSV）、逗号分隔值（CSV）、原始文本、JSON 等。将数据存储在 Hive 表中可以方便后续建模步骤的访问，其中最常见的是特征生成，这将在第 5 章中进行讨论。

一旦数据被导入并呈现为一个 Hive 表，就可以使用 Hive 的 SQL 查询处理、Pig 或 Spark 等工具处理这些数据。

Hive 支持两种类型的表。第一种表是内部表，完全由 Hive 管理。如果删除一个内部表，Hive 中的定义和数据都将被删除。内部表以 ORC 等优化格式存储，从而提供性能优势。第二种表是不受 Hive 管理的外部表。外部表只使用元数据描述来访问原始数据。如果删除外部表，则只有 Hive 中的定义（有关表的元数据）被删除，而实际数据不会被删除。当数据位于 Hive 之外（即其他一些应用程序也在使用、创建、管理文件）时，或者即使在删除表之后原始数据也需保留在底层位置时，通常使用外部表。

由于用例过大，我们不讨论 Hive 可用的所有导入方法，而只是描述 CSV 文件导入的一个基本示例。有兴趣的读者可以参考 Hive 项目页面 https://hive.apache.org，以了解更多信息。

将 CSV 文件导入 Hive 表

以下示例说明如何将逗号分隔的文本文件（CSV 文件）导入 Hive 表中。输入文件（names.csv）有五个字段（员工 ID、名字、头衔、州名和笔记本电脑的类型）。文件的前五行如下：

```
10,Andrew,Manager,DE,PC
11,Arun,Manager,NJ,PC
12,Harish,Sales,NJ,MAC
13,Robert,Manager,PA,MAC
14,Laura,Engineer,PA,MAC
```

第一个输入步骤是在 HDFS 中创建一个目录来保存该文件。请注意，与大多数 Hadoop 工具一样，Hive 输入是基于目录的。也就是说，一个操作是应用于给定目录中的所有文件的。以下命令在用户 HDFS 目录中创建一个 names 目录。

```
$ hdfs dfs -mkdir names
```

在这个例子中，使用了一个文件。但是，任何数量的文件都可以放在输入目录中。接下来将 name.csv 文件移动到 HDFS names 目录中。

```
$ hdfs dfs -put name.csv names
```

一旦文件在 HDFS 中，我们首先将数据加载为外部 Hive 表。通过在命令提示符下键入 hive 启动一个 Hive shell 并输入下面的命令。请注意，为了减少混乱，一些非必要的 Hive 输出（运行时间、进度条等）已从 Hive 输出中删除。

```
hive> CREATE EXTERNAL TABLE IF NOT EXISTS Names_text(
    > EmployeeID INT,FirstName STRING, Title STRING,
    > State STRING, Laptop STRING)
    > COMMENT 'Employee Names'
    > ROW FORMAT DELIMITED
    > FIELDS TERMINATED BY ','
    > STORED AS TEXTFILE
    > LOCATION '/user/username/names';
OK
```

如果该命令起作用，则会打印一个 OK。各个字段、逗号分隔符在命令中已有声明。命令中最后的 LOCATION 语句告诉 Hive 在哪里查找输入文件。可以通过列出表中的前五行来验证导入：

```
hive> Select * from Names_text limit 5;
OK
10      Andrew  Manager DE      PC
11      Arun    Manager NJ      PC
12      Harish  Sales   NJ      MAC
13      Robert  Manager PA      MAC
14      Laura   Engineer PA     MAC
```

下一步是将外部表移动到内部 Hive 表。内部表必须使用类似的命令来创建。但是，STORED AS 格式提供了新选项。除了基本的文本格式之外，Hive 表还有四种主要的文件格式。格式的选择取决于数据和分析的类型，但在大多数情况下使用 ORC 或 Parquet 格式，因为它们为大多数数据类型提供了最佳的压缩和速度优势。

❏ 文本文件——有数据都使用 Unicode 标准以原始文本形式存储。

❏ 序列文件——据以二进制键 / 值对存储。

❏ RCFile——所有数据都以列优化格式（而不是行优化）存储。

❏ ORC——优化的行列格式，可以显著提高 Hive 的性能。

❏ Parquet—— 一种列式格式，可为其他 Hadoop 工具（包括 Hive、Drill、Impala、Crunch 和 Pig）提供可移植性。

以下命令将创建一个使用 ORC 格式的内部 Hive 表：

```
hive> CREATE TABLE IF NOT EXISTS Names(
    > EmployeeID INT,FirstName STRING, Title STRING,
    > State STRING, Laptop STRING)
    > COMMENT 'Employee Names'
    > STORED AS ORC;
OK
```

要使用其他格式之一创建表，请更改 STORED AS 命令以反映新的格式。一旦创建了表，就可以使用以下命令将外部表中的数据移动到内部表中：

```
hive> INSERT OVERWRITE TABLE Names SELECT * FROM Names_text;
```

与外部表一样，可以使用以下命令验证内容：

```
hive> Select * from Names limit 5;
OK
10      Andrew  Manager DE      PC
11      Arun    Manager NJ      PC
12      Harish  Sales   NJ      MAC
13      Robert  Manager PA      MAC
14      Laura   Engineer PA     MAC
```

Hive 也支持分区。通过分区，可以将表分成多个逻辑部分，这样可以更有效地查询部分数据。例如，以前创建的内部 Hive 表也可以使用基于状态字段的分区来创建。以下命令创建一个分区表：

```
hive> CREATE TABLE IF NOT EXISTS Names_part(
    > EmployeeID INT,
    > FirstName STRING,
    > Title STRING,
    > Laptop STRING)
    > COMMENT 'Employee names partitioned by state'
    > PARTITIONED BY (State STRING)
    > STORED AS ORC;
OK
```

要从外部表中里读取 PA（宾夕法尼亚州）的雇员信息以填充内部表，可以使用以下命令：

```
hive> INSERT INTO TABLE Names_part PARTITION(state='PA')
    > SELECT EmployeeID, FirstName, Title, Laptop FROM Names_text WHERE
➥ state='PA';
...
OK
```

该方法要求每个分区键被单独选择和加载。当潜在的分区数量很大时，这可能会导致数据输入不方便。为了解决这个问题，Hive 现在支持动态分区插入（或多分区插入），该插入被设计为动态确定扫描输入表时创建和填充哪些分区。

4.5 使用 Spark 将数据导入 Hive 表

Apache Spark 是一个专注于内存处理的现代处理引擎。 Spark 的主要数据抽象是一个不可变的分布式数据集合，称为弹性分布式数据集（RDD）。 RDD 可以通过 Hadoop 输入格式（如 HDFS 文件）或通过转换其他 RDD 来创建。 RDD 中的每个数据集都被划分为逻辑分区，这些逻辑分区可以在集群的不同节点上进行透明计算。

另一个重要的数据抽象是 Spark 的 DataFrame。DataFrame 建立在 RDD 之上，但数据被组织到与关系数据库表类似的命名列中，类似于 R 或 Python 的 Pandas 包中的数据框。

可以从不同的数据源创建 Spark DataFrame，如下所示：

- 现有的 RDD
- 结构化数据文件
- JSON 数据集
- Hive 表
- 外部数据库

由于其灵活性和友好的开发者 API，Spark 经常被用作将数据集成到 Hadoop。使用 Spark，用户可以从 CSV 文件、外部 SQL 或 NO-SQL 数据存储等数据源读取数据，对数据应用某些转换，然后将其存储到 HDFS 或 Hive 中的 Hadoop 上。与 Hive 示例类似，对所有 Spark 导入场景的详细介绍超出了本书的范围。请参阅 Apache Spark 项目页面 http://spark.apache.org，以获取更多信息。

以下几节提供了使用 PySpark（通过 Python API 使用 Spark）进行数据导入的基本用法示例，这些步骤也可以使用 Spark 的 Scala 或 Java 接口执行。下面的内容对每一步都解释得很清楚。但是，对 Spark 命令和 API 的详细介绍超出了本书的范围。

所有的例子都假定 PySpark shell（版本 1.6）已经正常安装。使用以下命令启动 PySpork shell：

```
$ pyspark
Welcome to
      ____              __
     / __/__  ___ _____/ /__
    _\ \/ _ \/ _ `/ __/  '_/
   /__ / .__/\_,_/_/ /_/\_\   version 1.6.2
      /_/

Using Python version 2.7.9 (default, Apr 14 2015 12:54:25)
SparkContext available as sc, HiveContext available as sqlContext.
>>>
```

4.5.1 使用 Spark 将 CSV 文件导入 Hive

逗号分隔值（CSV）文件以及扩展名为带有分隔符的其他文本文件可以导入 Spark DataFrame 中，然后按照下面所述步骤将其存储为 Hive 表。请注意，在这个例子中，我们展示了如何使用 RDD 将其转换为 DataFrame，并将其存储在 Hive 中。也可以使用 sparkcsv 包将 CSV 文件直接加载到 DataFrame 中。

1. 首先导入 Spark DataFrame 操作所需的函数：

```
>>> from pyspark.sql import HiveContext
>>> from pyspark.sql.types import *
>>> from pyspark.sql import Row
```

2. 接下来，将原始数据导入 Spark RDD 中。输入位于用户本地文件系统中的文件 names.csv，在使用之前不必移入 HDFS。（假设数据的本地路径是 /home/username。）

```
>>> csv_data = sc.textFile("file:///home/username/names.csv")
```

3. 可以使用 type() 命令来确认 RDD：

```
>>> type(csv_data)
<class 'pyspark.rdd.RDD'>
```

4. 然后用 Spark 的 map() 函数分割逗号分隔的数据，创建一个新的 RDD：

```
>>> csv_data  = csv_data.map(lambda p: p.split(","))
```

大多数 CSV 文件都有一个包含列名的标题。使用以下步骤将其从 RDD 中删除：

```
>>> header = csv_data.first()
>>> csv_data = csv_data.filter(lambda p:p != header)
```

5. 使用 toDF() 函数将 csv_data RDD 中的数据放入 Spark SQL DataFrame 中。但是，首先得使用 map() 函数映射数据，以便每个 RDD 项都成为表示新 DataFrame 中的一行的 Row 对象。请注意使用 int() 将员工 ID 强制转换为整数。所有其他列默认为字符串类型。

```
>>> df_csv = csv_data.map(lambda p: Row(EmployeeID = int(p[0]),
➥ FirstName = p[1], Title=p[2], State=p[3], Laptop=p[4])).toDF()
```

Row() 类将每个值映射到包含列名的数据结构中，随后将完整数据转换为 DataFrame。

6. 使用以下命令查看 df_csv DataFrame 的前五行结构和数据：

```
>>> df_csv.show(5)
+----------+---------+------+-----+--------+
|EmployeeID|FirstName|Laptop|State|   Title|
+----------+---------+------+-----+--------+
|        10|   Andrew|    PC|   DE| Manager|
|        11|     Arun|    PC|   NJ| Manager|
|        12|   Harish|   MAC|   NJ|   Sales|
|        13|   Robert|   MAC|   PA| Manager|
|        14|    Laura|   MAC|   PA|Engineer|
+----------+---------+------+-----+--------+
only showing top 5 rows
```

7. 同样，如果想要检查 DataFrame 架构，请使用 printSchema() 命令：

```
>>> df_csv.printSchema()
root
 |-- EmployeeID: long (nullable = true)
```

```
|-- FirstName: string (nullable = true)
|-- Laptop: string (nullable = true)
|-- State: string (nullable = true)
|-- Title: string (nullable = true)
```

8. 最后，要将 DataFrame 存储到 Hive 表中，请使用 saveAsTable() 命令：

```
>>> from pyspark.sql import HiveContext
>>> hc = HiveContext(sc)
>>> df_csv.write.format("orc").saveAsTable("employees")
```

在这里，我们使用 saveAsTable() 命令创建一个 HiveContext，用于将 DataFrame 存储到 Hive 表（ORC 格式）中。

4.5.2 使用 Spark 将 JSON 文件导入 Hive

Spark 可以将 JSON 文件直接导入 DataFrame 中。以下是前面例子中使用的 names.csv 文件的 JSON 格式版本。请注意，通过输入 EmployeeID 为未加引号的整数，它将是整数输入。

```
{"EmployeeID":10,"FirstName":"Andrew","Title":"Manager","State":"DE",
➥ "Laptop":"PC"}
{"EmployeeID":11,"FirstName":"Arun","Title":"Manager","State":"NJ",
➥ "Laptop":"PC"}
{"EmployeeID":12,"FirstName":"Harish","Title":"Sales","State":"NJ",
➥ "Laptop":"MAC"}
```

另外，请注意，Spark 期望每行都是一个单独的 JSON 对象，所以如果用户尝试加载完全格式化的 JSON 文件会失败。

1. 首先导入所需的函数并创建一个 HiveContext。

```
>>> from pyspark.sql import HiveContext
>>> hc = HiveContext(sc)
```

与 CSV 示例类似，数据文件位于用户本地文件系统中。

```
>>> df_json = hc.read.json("file:///home/username/names.json")
```

2. 可以使用 df_json.show(5) 命令查看 DataFrame 的前五行：

```
>>> df_json.show(5)
+----------+---------+------+-----+--------+
|EmployeeID|FirstName|Laptop|State|   Title|
+----------+---------+------+-----+--------+
|        10|   Andrew|    PC|   DE| Manager|
|        11|     Arun|    PC|   NJ| Manager|
|        12|   Harish|   MAC|   NJ|   Sales|
|        13|   Robert|   MAC|   PA| Manager|
|        14|    Laura|   MAC|   PA|Engineer|
+----------+---------+------+-----+--------+
only showing top 5 rows
```

3. 要确认 EmployeeID 确实被转换为整数，可以使用 df_json.printSchema() 命令检查
DataFrame 模式：

```
>>> df_json.printSchema()

root
 |-- EmployeeID: long (nullable = true)
 |-- FirstName: string (nullable = true)
 |-- Laptop: string (nullable = true)
 |-- State: string (nullable = true)
 |-- Title: string (nullable = true)
```

4. 与 CSV 示例类似，将此 DataFrame 存储回 Hive 很简单：

```
>>> df_json.write.format("orc").saveAsTable("employees")
```

4.6 使用 Apache Sqoop 获取关系数据

在许多企业环境中，数据科学应用程序所需的大量数据驻留在数据库管理系统（如
Oracle、MySQL、PosgreSQL 或 DB2）中。在数据科学应用的上下文中使用这些数据之前，
需要将这些数据提取到 Hadoop 中。

Sqoop 是一个用来在 Hadoop 和关系数据库之间传输数据的工具。用户可以使用 Sqoop
将关系数据库管理系统（RDBMS）中的数据导入 Hadoop 分布式文件系统（HDFS）或将数
据从 Hadoop 导回 RDBMS。

Sqoop 可以与任何 JDBC 兼容的数据库一起使用，并且已经在 Microsoft SQL Server、
PostgreSQL、MySQL 和 Oracle 上进行了测试。在本节的剩余部分中，提供了 Sqoop 如何使
用 Hadoop 的简要概述。此外，还逐步演示了一个基本的 Sqoop 示例。要充分探索 Sqoop，
可以通过访问 Sqoop 项目网站找到更多相关信息：http://sqoop.apache.org。

4.6.1 使用 Sqoop 导入和导出数据

图 4.2 描述了使用 Sqoop 将数据导入 HDFS 的过程，该过程包括两个步骤。在第一步
中，Sqoop 检查数据库以收集要导入数据的必要元数据。第二步是 Sqoop 提交给集群的
map-only⊖（无 reduce 步骤）的 Hadoop 作业，这是使用上一步中捕获的元数据进行实际数
据传输的工作。请注意，每个执行导入操作的节点都必须有权访问数据库。

导入的数据保存在 HDFS 目录中。Sqoop 将使用该目录的数据库名称，或者用户可以指
定应该填充文件的任何替代目录。默认情况下，这些文件包含逗号分隔的字段，其中换行符
分隔不同的记录。用户可以通过明确指定字段分隔符和记录终止符字符来轻松覆盖数据被复
制的格式。一旦放入 HDFS，数据就可以进行进一步处理了。

⊖ map-only 作业是 Hadoop 生态系统中使用的一个术语，指的是在 map 阶段执行一些逻辑的 map-reduce 作
  业，而在 reduce 作业中则不包含任何操作（无操作）。

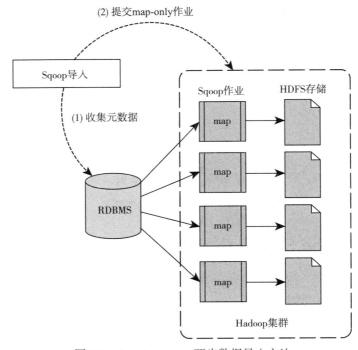

图 4.2   Apache Sqoop 两步数据导入方法

　　从集群中导出数据与上述方式类似。导出分两步完成，如图 4.3 所示。与导入过程一样，第一步是检查数据库中的元数据，然后是导出，该步骤又是通过 Hadoop 的 map-only 作业将数据写入目标数据库。Sqoop 将输入数据集划分为多个分区，然后使用单独的映射任务将分区推送到数据库。同样，这个过程假定 map 任务可以访问数据库。

4.6.2   Apache Sqoop 版本更改

　　Hadoop 生态系统中通常使用两种版本的 Sqoop。许多用户发现版本 2 中被删除的部分功能很有用，并继续使用版本 1。下面的示例将使用 Sqoop 版本 2。

　　Sqoop 版本 1 使用专用连接器访问外部数据库系统。通常这些专用连接器针对各种 RDBMS 或不支持 JDBC（Java 数据库连接）的系统进行了优化。连接器是基于 Sqoop 扩展框架的插件，可以添加到任何现有的 Sqoop 安装中。一旦安装了连接器，Sqoop 就可以使用连接器来在 Hadoop 和连接器支持的外部存储之间高效地传输数据。默认情况下，Sqoop 版本 1 包含各种流行数据库（如 MySQL、PostgreSQL、Oracle、SQL Server 和 DB2）的连接器。Sqoop 版本 1 还支持 HBase 或 Hive 与 RDBMS 之间直接的传入和传出。

　　为了简化 Sqoop 输入方法（常见的问题是日益复杂的命令行、安全性以及需要了解太多低级别问题），Sqoop 版本 2 不再支持专门的连接器或者 HBase 或 Hive 与 RDBMS 之间直接的传入和传出。在版本 2 中有更多的通用方法来完成这些任务。所有的导入和导出都是通过 JDBC 接口完成的。表 4.1 总结了这些变化。由于这些变化，任何新的开发都应该关注

Sqoop 版本 2 的功能。

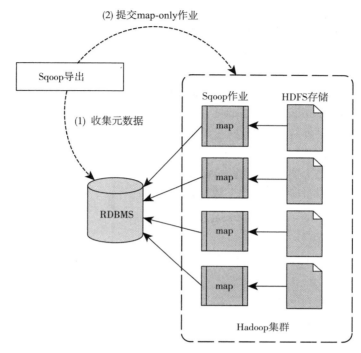

图 4.3　Apache Sqoop 两步数据导出方法

表 4.1　Apache Sqoop 版本比较

特性	Sqoop 版本 1	Sqoop 版本 2
所有主要 RDBMS 的连接器	支持	不支持。使用通用 JDBC 连接器
Kerberos 安全集成	支持	不支持
从 RDBMS 到 Hive 或 HBase 的数据传输	支持	不支持。首先将数据从 RDBMS 导入 HDFS，然后手动将数据加载到 Hive 或 HBase
将数据从 Hive 或 HBase 传输到 RDBMS	不支持。首先将数据从 Hive 或 HBase 导出到 HDFS，然后使用 Sqoop 导出	不支持。首先将数据从 Hive 或 HBase 导出到 HDFS，然后使用 Sqoop 导出

4.6.3　使用 Sqoop 版本 2：基本示例

　　为了更好地理解如何在实践中使用 Sqoop，我们将通过一个简单的例子演示如何配置和使用 Sqoop 版本 2。这个例子可以根据需要进行扩展，以探索 Apache Sqoop 提供的其他功能。有关更详细的信息，可以在 Sqoop 网站 http://sqoop.apache.org 获取。

　　本例将执行以下步骤：

1. 下载并加载 MySQL 样本数据

2. 为本地机器和集群添加 Sqoop 用户权限

3. 将数据从 MySQL 导入 HDFS

4. 将数据从 HDFS 导出到 MySQL

第 1 步：下载一个 MySQL 样本数据库

在这个例子中，假设 MySQL 安装在 Sqoop 节点上，并使用 MySQL 站点（http://dev.
mysql.com/doc/world-setup/en/index.html）中的世界范例数据库。该数据库有三个表：

❑ 国家——有关世界各国的信息。

❑ 城市——关于这些国家一些城市的信息。

❑ 国家语言——每个国家使用的语言。

1. 要获取数据库，请使用 wget[⊖]下载并解压文件：

```
$ wget http://downloads.mysql.com/docs/world.sql.gz
$ gunzip world.sql.gz
```

2. 接下来，登录到 MySQL（假设有权创建数据库）并通过输入以下命令导入该数据库：

```
$ mysql -u root -p
mysql> CREATE DATABASE world;
mysql> USE world;
mysql> SOURCE world.sql;
mysql> SHOW TABLES;
+-----------------+
| Tables_in_world |
+-----------------+
| City            |
| Country         |
| CountryLanguage |
+-----------------+
3 rows in set (0.01 sec)
```

3. 下面的 MySQL 命令可以让你看到每个表的细节（出于篇幅考虑，省略了输出）：

```
mysql> SHOW CREATE TABLE Country;
mysql> SHOW CREATE TABLE City;
mysql> SHOW CREATE TABLE CountryLanguage;
```

第 2 步：为本地机器和集群添加 Sqoop 用户权限

Sqoop 经常需要与 Hadoop 集群中的 MySQL 进行交互。因此，需要获取 MySQL 权限，
以便交互顺利进行。根据安装情况，用户可能需要根据请求来源的位置（主机或 IP 地址）
为 Sqoop 请求添加多个权限。例如，该示例分配了以下权限。

⊖ wget 是一个用于 UNIX/Linux 环境的命令行工具，可直接从有效的 URL 下载文件。如果使用 Windows
  环境，请考虑使用 Winwget 或浏览器下载。如果使用 Macintosh 环境，请考虑使用 curl -O <url> 或浏览
  器下载。

```
mysql> GRANT ALL PRIVILEGES ON world.* To 'sqoop'@'localhost'
➥ IDENTIFIED BY 'sqoop';
mysql> GRANT ALL PRIVILEGES ON world.* To 'sqoop'@'_HOSTAME_'
➥ IDENTIFIED BY 'sqoop';
mysql> GRANT ALL PRIVILEGES ON world.* To 'sqoop'@'_SUBNET_'
➥ IDENTIFIED BY 'sqoop';
FLUSH PRIVILEGES;
mysql> quit
```

HOSTNAME 是用户登录的主机的名称。_SUBNET_ 是集群的子网（例如 10.0.0.%，定义了 10.0.0.0/24 网络）。这些权限允许集群中的任何节点以 sqoop 用户执行 MySQL 命令。此外，就本示例而言，Sqoop 密码为"sqoop"。

接下来，以 Sqoop 用户的身份登录以测试 MySQL 权限。

```
$ mysql -u sqoop -p
mysql> USE world;
  mysql> SHOW TABLES;
  +-----------------+
  | Tables_in_world |
  +-----------------+
  | City            |
  | Country         |
  | CountryLanguage |
  +-----------------+
  3 rows in set (0.01 sec)

  mysql> quit
```

第 3 步：使用 Sqoop 导入数据

为了检验 Sqoop 读取 MySQL 数据库的能力，我们可以使用 Sqoop 来列出数据库。

1. 输入以下命令。结果在输出末尾的警告之后。 请注意在 JDBC 语句中使用本地 _HOSTNAME_。 额外的信息已从输出中删除，并以省略号表示。

```
$ sqoop list-databases --connect jdbc:mysql://_HOSTNAME_/world
➥ --username sqoop --password sqoop
...
information_schema
test
world
```

2. 以类似的方式，Sqoop 可以连接到 MySQL 并列出世界数据库中的表格。

```
$ sqoop list-tables --connect jdbc:mysql://_HOSTNAME_/world
➥ --username sqoop --password sqoop
...
City
Country
CountryLanguage
```

3. 为了导入数据，我们需要在 HDFS 中创建一个目录：

```
$ hdfs dfs -mkdir sqoop-mysql-import
```

4. 以下命令将国家表导入 HDFS 中：

```
$ sqoop import --connect jdbc:mysql://_HOSTNAME_/world  --username
➥ sqoop --password sqoop --table Country  -m 1 --target-dir
➥ /user/username/sqoop-mysql-import/country
```

选项 --table 表示要导入的表，--target-dir 是上面创建的目录，-m 1 告诉 sqoop 使用一个单一的 map 任务导入数据（在我们的例子中这是足够的，因为它只是一个小表）。

5. 可以通过检查 HDFS 确认导入情况：

```
$ hdfs dfs -ls sqoop-mysql-import/country
Found 2 items
-rw-r--r--   2 username hdfs              0 2014-08-18 16:47 sqoop-mysql-
➥import/world/_SUCCESS
-rw-r--r--   2 username hdfs          31490 2014-08-18 16:47 sqoop-mysql-
➥import/world/part-m-00000
```

6. 可以使用 hdfs -cat 命令查看文件：

```
$ hdfs dfs -cat sqoop-mysql-import/country/part-m-00000
ABW,Aruba,North America,Caribbean,193.0,null,103000,78.4,828.0,793.0,
➥ Aruba,Nonmetropolitan Territory of The Netherlands,Beatrix,129,AW
...
ZWE,Zimbabwe,Africa,Eastern Africa,390757.0,1980,11669000,37.8,
➥ 5951.0,8670.0,Zimbabwe,Republic,Robert G. Mugabe,4068,ZW
```

为了使 Sqoop 命令更加方便，可以在命令行中创建和使用配置文件。这个配置文件将帮助你避免重写相同的选项。例如，名为 world-options.txt 的配置文件包含以下内容：

```
import
--connect
jdbc:mysql://_HOSTNAME_/world
--username
sqoop
--password
sqoop
```

使用以下更短的一行命令可以执行与前面相同的导入命令：

```
$ sqoop  --options-file world-options.txt --table City  -m 1 --target-dir
➥ /user/username/sqoop-mysql-import/city
```

在导入步骤中也可以包含一个 SQL 查询。例如，如果我们只想获取加拿大的城市：

```
SELECT ID,Name from City WHERE CountryCode='CAN'
```

然后可以在 Sqoop 导入请求中包含 --query 选项。在以下查询示例中，使用 -m 1 选项指定一个映射器（mapper）任务：

```
sqoop  --options-file world-options.txt -m 1 --target-dir
➥ /user/username/sqoop-mysql-import/canada-city --query
➥ "SELECT ID,Name from City
➥ WHERE CountryCode='CAN' AND \$CONDITIONS"
```

检查结果显示只导入了加拿大的城市。

```
$ hdfs dfs -cat sqoop-mysql-import/canada-city/part-m-00000

1810,Montréal
1811,Calgary
1812,Toronto
...
1856,Sudbury
1857,Kelowna
1858,Barrie
```

由于只有一个映射器进程，因此只需要在数据库上运行一个查询副本。结果也以单个文件（part-m-00000）报告。如果使用 --split-by 选项，则可以使用多个映射器来处理查询。split-by 选项是一种并行化 SQL 查询的方法，每个并行任务运行主查询的一个子集，结果由 Sqoop 推断的边界条件分区。查询必须包含令牌 $CONDITIONS，这是 Sqoop 根据 --split-by 选项放入唯一条件表达式的占位符，Sqoop 会为每个映射器任务自动填充正确的条件。Sqoop 将尝试根据主键范围创建平衡的子查询。但是，如果主键不是均匀分布的，则可能需要在另一列上拆分。

以下示例将说明 -split-by 选项的用途。首先，删除以前的查询结果。

```
$ hdfs dfs -rm -r -skipTrash  sqoop-mysql-import/canada-city
```

接下来，使用四个映射器（-m 4）运行查询，在这里我们按 ID 号来拆分：

```
sqoop  --options-file world-options.txt -m 4 --target-dir
➥ /user/username/sqoop-mysql-import/canada-city --query "SELECT ID,
➥ Name from City WHERE CountryCode='CAN' AND \$CONDITIONS" --split-by ID
```

如果查看结果文件的数量，我们会发现四个文件对应于在命令中所要求的四个映射器。因为所有 Hadoop 工具都可以管理多个文件作为输入，所以不需要将这些文件合并为一个实体。

```
$ hdfs dfs -ls  sqoop-mysql-import/canada-city
Found 5 items
-rw-r--r--  2 username hdfs         0 2014-08-18 21:31 sqoop-mysql-import/canada-
city/_SUCCESS
-rw-r--r--  2 username hdfs       175 2014-08-18 21:31 sqoop-mysql-import/canada-
city/part-m-00000
-rw-r--r--  2 username hdfs       153 2014-08-18 21:31 sqoop-mysql-import/canada-
city/part-m-00001
-rw-r--r--  2 username hdfs       186 2014-08-18 21:31 sqoop-mysql-import/canada-
city/part-m-00002
-rw-r--r--  2 username hdfs       182 2014-08-18 21:31 sqoop-mysql-import/canada-
city/part-m-00003
```

第 4 步：使用 Sqoop 导出数据

使用 Sqoop 导出数据的第一步是在目标数据库系统中为导出的数据创建表。实际上每个导出的表格都需要两个表格。第一个是保存导出数据的表格（例如 CityExport），第二个是用于展示导出数据的表格（例如 CityExportStaging）。

1. 使用以下 MySQL 命令可以创建表格：

```
mysql> USE world;
mysql> CREATE TABLE `CityExport` (
       `ID` int(11) NOT NULL AUTO_INCREMENT
       `Name` char(35) NOT NULL DEFAULT '',
       `CountryCode` char(3) NOT NULL DEFAULT '',
       `District` char(20) NOT NULL DEFAULT '',
       `Population` int(11) NOT NULL DEFAULT '0',
        PRIMARY KEY (`ID`));
mysql> CREATE TABLE `CityExportStaging` (
       `ID` int(11) NOT NULL AUTO_INCREMENT,
       `Name` char(35) NOT NULL DEFAULT '',
       `CountryCode` char(3) NOT NULL DEFAULT '',
       `District` char(20) NOT NULL DEFAULT '',
       `Population` int(11) NOT NULL DEFAULT '0',
        PRIMARY KEY (`ID`));
```

2. 接下来，创建类似于上面创建的 world-options.txt 文件的配置文件 cities-export-options.txt，这里使用 export 命令而不是 import 命令。以下命令将把上面导入的城市数据导出到 MySQL 中：

```
sqoop --options-file cities-export-options.txt --table CityExport
➥ --staging-table CityExportStaging  --clear-staging-table -m 4
➥ --export-dir /user/username/sqoop-mysql-import/city
```

3. 最后，为了确保一切正常，请检查 MySQL 中的表格以查看城市是否在表格中。

```
$ mysql> select * from CityExport limit 10;
+----+----------------+-------------+---------------+------------+
| ID | Name           | CountryCode | District      | Population |
+----+----------------+-------------+---------------+------------+
|  1 | Kabul          | AFG         | Kabol         |    1780000 |
|  2 | Qandahar       | AFG         | Qandahar      |     237500 |
|  3 | Herat          | AFG         | Herat         |     186800 |
|  4 | Mazar-e-Sharif | AFG         | Balkh         |     127800 |
|  5 | Amsterdam      | NLD         | Noord-Holland |     731200 |
|  6 | Rotterdam      | NLD         | Zuid-Holland  |     593321 |
|  7 | Haag           | NLD         | Zuid-Holland  |     440900 |
|  8 | Utrecht        | NLD         | Utrecht       |     234323 |
|  9 | Eindhoven      | NLD         | Noord-Brabant |     201843 |
| 10 | Tilburg        | NLD         | Noord-Brabant |     193238 |
+----+----------------+-------------+---------------+------------+
10 rows in set (0.00 sec)
```

一些方便的清理命令

如果你不熟悉 MySQL，下面的命令可能会有助于清理上面示例产生的数据。

在 MySQL 中删除一个表：

```
mysql> Drop table `CityExportStaging`;
```

删除表中的数据：

```
mysql> delete from CityExportStaging;
```

清理导入的文件：

```
$ hdfs dfs -rm -r  -skipTrash sqoop-mysql-import/{country,city,
➥ canada-city}
```

4.7　使用 Apache Flume 获取数据流

除了数据库中的结构化数据之外，另一个常见的数据源是日志文件，通常来自多个源机器的连续（流式）增量文件。为了将这种类型的数据用于 Hadoop 的数据科学，我们需要一种将这些数据提取到 HDFS 中的方法。

Apache Flume 旨在收集、传输和存储数据流到 HDFS。数据传输经常涉及一些 Flume 代理（Flume agent），这些 Flume 代理将一系列机器和位置串联起来。 Flume 通常用于日志文件、社交媒体生成的数据、电子邮件以及几乎任何连续的数据源。

如图 4.4 所示，Flume 代理由三部分组成。

❑ 信源 (source)——信源接收数据并将其发送到信道。它可以将数据发送到多个信道。输入数据可以来自实时来源（例如网络日志）或另一个 Flume 代理。

❑ 信道（channel）——信道是将源数据转发到信宿目标的数据队列。它可以被认为是管理输入（源）和输出（宿）流量的缓冲区。

❑ 信宿（sink）——信宿将数据传送到 HDFS、本地文件或其他 Flume 代理等目标。

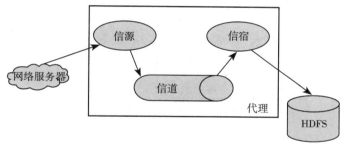

图 4.4　具有信源、信道和信宿的 Flume 代理

Flume 代理可以有多个信源、信道和信宿，但必须至少定义三个组件中的一个。信源可以写入多个信道，但信宿只能从单个信道获取数据。写入信道的数据保留在信道中，直到信宿删除数据。默认情况下，信道中的数据保存在内存中，但也可以存储在磁盘上，以防止网络故障时丢失数据。

如图 4.5 所示，Flume 代理可以放在一个管道中。这种配置通常用于在一台机器（例如网络服务器）上收集数据并将数据发送到可访问 HDFS 的另一台机器的情况。

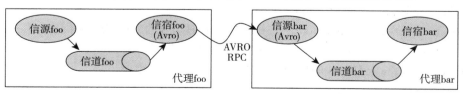

图 4.5　通过连接 Flume 代理创建管道

在 Flume 管道中，来自一个代理的信宿连接到另一个代理的信源。Flume 通常使用的数据传输格式称为 Apache Avro ⊖，它提供了一些有用的功能。首先，Avro 是一个使用紧凑二进制格式的数据序列化 / 反序列化系统。数据格式作为数据交换的一部分发送，并使用 JavaScript Object Notation（JSON）进行定义。Avro 还使用远程过程调用（RPC）发送数据。也就是说，Avro 信宿将联系 Avro 信源发送数据。

另一个有用的 Flume 配置如图 4.6 所示。在这个配置中，Flume 用于在将数据提交到 HDFS 之前合并多个数据源。

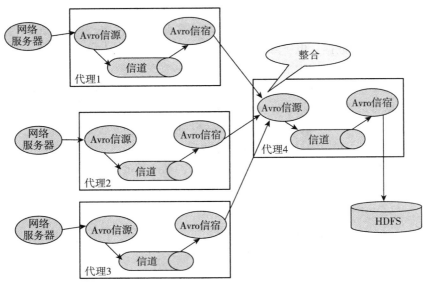

图 4.6   Flume 整合网络

构建 Flume 传输网络有许多可能的方法。

有关 Flume 的全部功能介绍超出了本书的范围，Flume 还有许多附加功能，例如可以增强 Flume 管道的插件和拦截器。有关更多信息和示例配置，请参阅 https://flume.apache.org/FlumeUserGuide.html 上的 Flume 用户指南。

使用 Flume：Web 日志示例概述

在这个例子中，来自本地机器的网络日志将使用 Flume 放入 HDFS。这个例子很容易修改，以便使用来自不同机器的其他网络日志。有关完整的源代码和更多的实现说明，可以从附录 A 的图书网页获得。配置 Flume 需要以下两个文件。

❏ web-server-target-agent.conf——将数据写入 HDFS 的目标 Flume 代理

❏ web-server-source-agent.conf——捕获 Web 日志数据的源 Flume 代理

Web 日志也由写入 HDFS 的代理在本地文件系统上进行镜像。

⊖   https://avro.apache.org/。

1. 要运行该示例，请以 root 身份创建该目录。

```
# mkdir /var/log/flume-hdfs
# chown hdfs:hadoop /var/log/flume-hdfs/
```

2. 接下来，作为用户 hdfs，在 HDFS 中创建一个 Flume 数据目录。

```
$ hdfs dfs -mkdir /user/hdfs/flume-channel/
```

3. 现在创建了数据目录，就可以启动 Flume 目标代理了（以用户 hdfs 的形式）。

```
$ flume-ng agent -c conf -f web-server-target-agent.conf -n collector
```

该代理将数据写入 HDFS，并应在源代理之前启动（源读取 Web 日志）。

注意　在一些 Hadoop 发行版中，Flume 可以在系统引导时作为服务启动，例如 service start flume。此配置允许自动使用 Flume 代理。需要为此配置 /etc/flume/conf/{flume.conf,flume-env.sh.template} 文件。对于这个例子，/etc/flume/conf/flume.conf 文件可以和 web-server-target.conf 文件（针对用户的环境修改）相同。

源代理可以用 root 用户启动，启动后它将会把网络日志数据提供给目标代理。请注意，源代理可以在另一台机器上：

```
# flume-ng agent -c conf -f web-server-source-agent.conf -n source_agent
```

要查看 Flume 是否正在工作，请使用 tail 查看本地日志。另外检查一下以确保 flume-ng 代理不报任何错误（文件名会有所不同）。

```
$ tail -f /var/log/flume-hdfs/1430164482581-1
```

flume-hdfs 下的本地日志的内容应该与写入 HDFS 的内容相同。可以使用 hdfs -tail 命令检查该文件（文件名会有所不同）。请注意，在运行 Flume 时，HDFS 中最新的文件可能会附加一个 .tmp 文件。.tmp 表示该文件仍然由 Flume 编写。通过设置配置文件中的部分或全部 rollCount、rollSize、rollInterval、idleTimeout 和 batchSize 选项，可以将目标代理配置为写入文件（并启动另一个 .tmp 文件）。

```
$ hdfs dfs -tail flume-channel/apache_access_combined/150427/FlumeData.
➥1430164801381
```

两个文件都应该有相同的数据。例如，前面的例子在两个文件中都有以下内容：

```
10.0.0.1 - - [27/Apr/2015:16:04:21 -0400] "GET /ambarinagios/nagios/nagios_alerts
.php?q1=alerts&alert_type=all HTTP/1.1" 200 30801 "-" "Java/1.7.0_65"
10.0.0.1 - - [27/Apr/2015:16:04:25 -0400] "POST /cgi-bin/rrd.py HTTP/1.1" 200 784
"-" "Java/1.7.0_65"
10.0.0.1 - - [27/Apr/2015:16:04:25 -0400] "POST /cgi-bin/rrd.py HTTP/1.1" 200 508
"-" "Java/1.7.0_65"
```

目标和源文件都可以修改，以适应用户的系统。

Flume 配置文件

有关 Flume 配置的完整解释超出了本章的范围。网站 http://flume.apache.org/FlumeUserGuide.html 中提供了有关 Flume 配置的更多信息。

这两个文件描述了两个具有独立信源、信道、信宿配置的 Flume 代理。以上示例中使用的一些重要设置如下：

在 web-server-source-agent.conf 中，以下行设置了源代码。请注意，通过使用 tail 命令来获取网络日志以记录日志文件。

```
source_agent.sources = apache_server
source_agent.sources.apache_server.type = exec
source_agent.sources.apache_server.command = tail -f /etc/httpd/logs/access_log
```

文件后面进一步定义了信宿。参数 source_agent.sinks.avro_sink.hostname 用于分配将写入 HDFS 的 Flume 节点。端口号也在目标配置文件中设置。

```
source_agent.sinks = avro_sink
source_agent.sinks.avro_sink.type = avro
source_agent.sinks.avro_sink.channel = memoryChannel
source_agent.sinks.avro_sink.hostname = 192.168.93.24
source_agent.sinks.avro_sink.port = 4545
```

HDFS 设置放置在 web-server-target-agent.conf 文件中。请注意在前面的示例和数据规范中使用的路径。

```
collector.sinks.HadoopOut.type = hdfs
collector.sinks.HadoopOut.channel = mc2
collector.sinks.HadoopOut.hdfs.path = /user/hdfs/flume-channel/%{log_type}/
%y%m%d
collector.sinks.HadoopOut.hdfs.fileType = DataStream
```

目标文件还定义了端口和两个通道（mc1 和 mc2）。其中一个通道将数据写入本地文件系统，另一个通道写入 HDFS。相关的行显示如下：

```
collector.sources.AvroIn.port = 4545
collector.sources.AvroIn.channels = mc1 mc2

collector.sinks.LocalOut.sink.directory = /var/log/flume-hdfs
collector.sinks.LocalOut.channel = mc1
```

当超过阈值时，HDFS 文件翻转计数会创建一个新文件。在此示例中，允许任何文件大小，或者可在 10000 个事件或 600 秒后写入一个新文件。

```
collector.sinks.HadoopOut.hdfs.rollSize = 0
collector.sinks.HadoopOut.hdfs.rollCount = 10000
collector.sinks.HadoopOut.hdfs.rollInterval = 600
```

有关 Flume 的详细信息，可以在网站 https://flume.apache.org 上找到。

4.8　使用 Apache Oozie 管理 Hadoop 工作和数据流

Apache Oozie 是一个工作流调度程序系统，用于运行和管理多个相关的 Apache Hadoop 作业。例如，完整的数据输入和分析可能需要将多个独立的 Hadoop 作业作为工作流运行，其中一个作业的输出将成为后续作业的输入。Oozie 旨在构建和管理这些工作流。

Oozie 不能替代之前提到的 YARN 调度器。也就是说，YARN 管理单个 Hadoop 作业的资源，Oozie 提供了连接和控制集群上的多个 Hadoop 作业的方法。

Oozie 工作流作业被表示为动作的 DAG。有三种类型的 Oozie 作业。

- **工作流（workflow）。** 一种特定的 Hadoop 作业序列，其具有结果导向的决策点和控制依赖关系。从一个行动到另一个行动的进展只有在第一个行动完成之后才能发生。
- **协调器（coordinator）。** 可以在以下场景运行的调度工作流作业：以不同的时间间隔调度或数据可用时。
- **束组（bundle）。** 更高级别的 Oozie 抽象，Bundle 将批量处理一组协调器作业。

Oozie 与 Hadoop 技术栈的其他部分集成在一起，支持几种类型的 Hadoop 作业（如 Java MapReduce、Streaming MapReduce、Pig、Hive、Spark 和 Sqoop）以及特定于系统的作业（如 Java 程序和 shell 脚本）。Oozie 还提供了用于监视作业的 CLI 和 Web UI。图 4.7 显示了一个简单的 Oozie 工作流的例子。在这个例子中，Oozie 运行一个基本的 MapReduce 操作。如果申请成功，工作顺利结束；如果出现错误，工作就会终止。

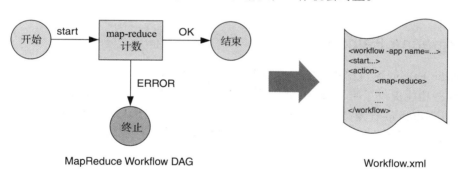

图 4.7　一个简单的 Oozie DAG 工作流

Oozie 工作流定义是用 Hadoop 流程定义语言（hPDL）编写的，它是一种基于 XML 的流程定义语言。Oozie 工作流包含几种类型的节点。

- **启动 / 停止控制流节点**定义工作流的开始和结束。这些包括开始、结束和可选的失败节点。
- **操作节点**是实际处理任务被定义的地方。当一个动作节点完成时，远程系统通知 Oozie，工作流中的下一个节点被执行。操作节点也可以包含 HDFS 命令。
- **Fork/join 节点**允许在工作流中并行执行任务。 fork 节点允许同时运行两个或多个任务。连接节点代表一个集合点，必须等到所有分支任务完成。

❏ **控制流节点**使得能够对先前的任务做出决定。控制决策基于先前行动的结果（例如文件大小或文件是否存在）。决策节点本质上是使用 JSP EL（Java 服务器页面表达式语言）的计算结果判断真或假的开关事件语句。

图 4.8 中的示例显示了使用上述所有节点的更复杂的工作流。有关 Oozie 的更多信息，可以在 http://oozie.apache.org/docs/4.0.0/index.html 找到。

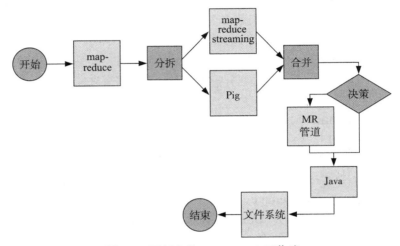

图 4.8　更复杂的 Oozie DAG 工作流

4.9　Apache Falcon

Apache Falcon 通过提供复制、生命周期管理、血统和可追溯性，简化了数据移动的配置。这些功能提供了跨 Hadoop 组件的数据治理一致性，这是 Oozie 无法实现的。例如，Falcon 允许 Hadoop 管理员集中定义他们的数据管道，然后 Falcon 使用这些定义在 Apache Oozie 中自动生成工作流。简而言之，正确使用 Falcon 有助于保持活跃的 Hadoop 集群不被混淆。

例如，Oozie 允许用户通过工作流和协调器（定期工作流）作业定义 Hadoop 处理。用于数据处理的输入数据集通常被描述为指定诸如路径、频率、时间表运行等属性的协调器作业的一部分。如果有两个协调器作业依赖于相同的数据，则必须两次对这些详细信息进行定义和管理。如果要添加共享数据删除或移动，则需要单独的协调器。Oozie 在这些情况下肯定会工作，但是没有简单的方法来定义和跟踪整个数据生命周期或管理多个独立的 Oozie 作业。

Oozie 在初始设置和测试工作流时非常有用，并且可以在工作流独立且不会经常更改的情况下使用。如果工作流之间存在多个依赖关系，或者需要管理整个数据生命周期，则应考虑 Falcon。

如前所述，作为 Hadoop 的高级工作流调度程序，Oozie 可能会管理数百到数千个协调器作业和文件。这种情况会导致一些常见的错误。进程可能会使用数据集的错误副本。数据集和过程可能会被复制，并且追踪特定数据集的起源地变得越来越困难。在这样复杂的情况下，管理如此之多的数据集和流程定义变得困难。

为了解决这些问题，Falcon 允许创建一个有如下三个关键属性的管道：

❏ **集群实体**，用于定义 Hadoop 集群上数据、工具和进程的存储位置。一个集群实体包含诸如 namenode 地址、Oozie URL 等信息，以用于执行其他两个实体：订阅（feed）和流程（process）。

❏ **订阅实体**，定义数据在集群上的位置（在 HDFS 中）。订阅源被设计用于指定 Falcon 在哪里存储新数据（即摄取、处理或两者兼而有之），以便可以保留数据（通过保留策略）并将数据复制（通过复制策略）到集群上或从集群中复制数据。订阅源通常（但不一定）是过程的输出。

❏ **流程实体**，定义在流水线中将发生什么行动或"流程"。最典型的是，该进程链接到 Oozie 工作流，该工作流包含一系列要在集群上执行的操作（例如，shell 脚本、Java Jars、Hive 操作、Pig 操作、Sqoop 操作等）。根据定义，一个流程可以将订阅作为输入或输出，并且也可定义工作流应该运行的频率。

下面的例子将解释如何使用 Falcon。假设有每小时到达一次的原始输入数据。可使用 Pig 脚本处理这些数据，并将结果保存以供以后处理。在简单的层面上，Oozie 工作流可以轻松管理任务。但是，Oozie 中没有需要自动执行的高级功能。首先，输入数据的保留策略为 90 天，之后丢弃旧数据。其次，如果进程失败，处理步骤可能会有一定的重试次数。最后，输出数据具有三年的保留时长。也可以用 Falcon 查询数据源头（即这个数据来自哪里）。简单的工作流如图 4.9 所示。

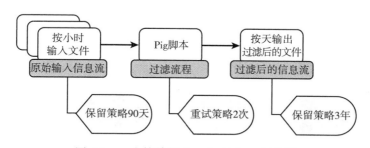

图 4.9　一个简单的 Apache Falcon 工作流

4.10　数据摄取的下一步是什么

随着 Hadoop 平台的不断发展，数据摄取工具的创新仍在继续。下面介绍两个可用于数据摄取团队的重要的新工具：

❏ **Apache Nifi** 是最近添加的数据摄取工具集。Nifi 最初创建于 NSA，它是最近开源并添加到 Apache 家族的。Nifi 提供了一种可扩展的方式来定义数据路由、转换和系统中介逻辑。优秀的用户界面使得建立 Nifi 的数据流变得快速和容易。 Nifi 提供对数据源头跟踪、安全和监视功能的支持，使其成为数据摄取的理想工具，特别是传感器数据。

❏ Apache Atlas 提供了一套核心数据治理服务，使企业能够有效地处理 Hadoop 的合规要求。

4.11 小结

在本章中：

❏ Hadoop 数据湖概念作为数据处理的新模型得以呈现。

❏ 概述了各种使数据用于多个 Hadoop 工具的方法。这些示例包括直接将文件复制到 HDFS、将 CSV 文件导入 Apache Hive 和 Spark 以及使用 Spark 将 JSON 文件导入 Hive。

❏ Apache Sqoop 被描述为将关系数据移入和移出 HDFS 的工具。

❏ Apache Flume 被描述为捕获和传输连续数据（如 Web 日志）并提供给 HDFS 的工具。

❏ Apache Oozie 工作流管理器被描述为创建和调度 Hadoop 工作流的工具。

❏ Apache Falcon 工具通过组织 Hadoop 数据和任务并将其定义为流水线，为数据治理（端到端管理）提供了高级框架。

❏ 像 Apache Nifi 和 Atlas 这样的新工具被描述为 Hadoop 集群上治理和数据流的候选工具。

## 第 5 章

使用 Hadoop 进行数据再加工

如果你把数据折磨得够久，它就会向你坦白。

——Ronald Coase，经济学家

本章将介绍：

❑ 什么是数据质量，数据中可能出现的不同类型的数据质量问题，以及如何使用 Hadoop 解决这些问题。

❑ 特性生成的重要性、各种类型的特性以及如何使用 Hadoop 为模型生成特性。

❑ 特征选择、降维及其在处理维度灾难中的重要性。

正如每位数据科学家所知道的，在数据科学项目中有大约 70%～80% 的时间需要花在所谓的数据再加工这个过程上，这通常涉及两种主要活动：

❑ 识别和修复数据质量问题。

❑ 将原始数据转换成所谓的特征矩阵，任务一般被称为特征生成或特征工程。

本章介绍了为什么 Hadoop 对于大数据集的数据再加工至关重要，并提供了一些使用 Hadoop 进行数据再加工的示例。

本章介绍了很多示例。为了保持一致性，这些示例都来自相同的数据集，即如下所述的 CMS 数据集。

由于美国政府正尝试使医疗保健体系更加透明、负责，医疗保险和医疗补助服务中心（CMS）向医疗保险受益人提供了医师治疗步骤和治疗费用的相关数据，这些数据包含如下信息：

❑ 医师提供服务的 NPI（国家提供商标识）

❑ 医师的专业领域

❑ 实施的治疗方案的编码

❑ 服务的地点

❑ 给定医师的汇总付款信息

本章中的示例都基于 2013 年的 CMS 数据。

5.1　为什么选择 Hadoop 做数据再加工

在大型数据集时代到来之前，数据科学领域的大部分数据再加工都是由用于建模的相同工具完成的：R、Python、SAS、SPSS 等。原始数据足够小，可存放在台式机、笔记本电脑或后端服务器的存储器中。

如今，在大数据时代，原始数据的大小通常以兆兆字节或千兆字节计量，因此在存储器中处理如此大量的数据集开始变得困难，但并非不可能。

Hadoop 是存储这些数据集并对其进行大规模处理的理想平台。大规模数据再加工过程中最常用的工具是 Pig、Hive 或 Spark。在本章的其余部分，我们将展示使用这些工具执行各种数据再加工任务的示例。

5.2　数据质量

在典型的企业环境中存在来自各种来源的各种数据集，如操作数据库、社交网络或传感器数据。这些数据源几乎总是存在关键的数据质量问题，需要在数据挖掘活动开始之前加以解决。

5.2.1　什么是数据质量

数据质量并不是什么新概念。实际上，它可以追溯到大型机的早期时代，当时"数据质量控制"作为一种服务被出售给许多组织，后来又被转移到企业内部。数据质量的最早用例之一是维护客户姓名和地址。公司使用昂贵的大型计算机来保存他们客户的名单及其邮寄地址，以便向他们发送各种营销材料。随时了解客户地址和其他相关信息的变化对于此类营销工作的成功至关重要，这同时也会导致大量昂贵的数据质量项目。从某种意义上讲，政府机构决定在国家地址变更（NCOA）登记处提供数据，从而通过此自动化过程为企业节省了数百万美元。

在数据科学背景下，数据质量有着广泛的解释，我们将其划分为五个不同的方面：完整性、有效性、一致性、及时性和准确性。

完整性是指数据包含所有内容。例如，对于包含客户记录的数据集，每条记录都由名字、姓氏、年龄、性别、街道地址、城市和邮政编码组成。这些字段中的一个或多个可能包含许多缺失的值（例如，我们可能不知道某部分人的年龄）。

缺失值在数据挖掘中是非常难以处理的，因此尽一切努力避免数据丢失或者至少将这种现象最小化是非常重要的。在许多情况下，缺少的数据可能是由于摄取过程有问题，这些问题一旦发现就很容易解决。

有效性是指数据值是否是其所代表事物的实际合法属性。继续我们前面的例子，考虑邮政编码数据有时包含不真实值的情况，即代表邮政编码的五个数字根本不对应于使用的任何实际的邮政编码。这显然是一个非常糟糕的情况，甚至比缺少数据还要糟糕，因为我们的建模工作将很难模拟这类错误。从源头解决这些问题是非常重要的。

一致性是指以相同的方式表示数据项。例如，我们可以决定性别字段必须具有"M"，"F"或 NULL（代表未知性别）值，但是所有数据集必须始终如一地遵守本协议或从原始形式转义至此形式。而另一个例子是，如果同一个客户的记录中显示他在佛罗里达州有一个地址，在加利福尼亚州有一个邮政编码，那么可能会发生什么。显然这种横跨不同领域的数据是不一致的，需要加以解决。这个例子在多数据集合并的情况下会变得尤其复杂，因为单独看可能是一致的，但却有各自的约定。

时效性通常是指数据值没有过时。例如，如果地址和邮政编码曾经是正确的，但由于客户已经搬家，所以数据不再具有时效性。这个目标特别难以实现，因为它需要成熟的过程来重新评估和更新数据。

准确性在数据质量方面有多重含义，但是我们通常从数值的角度来考虑它。例如，一位客户的年龄可能是 75 岁，而我们的数据显示他是 78 岁。

5.2.2　处理数据质量问题

检测或识别数据质量问题并不像看起来那么简单。我们现在介绍在实践中常见的四种高级方法：

❑ 基于单元格的规则
❑ 静态的"价值分配"规则
❑ 差异化的"价值分配"规则
❑ 离群值分析

读者要注意，上述有些方法从根本上讲是基于概率的，有些可能需要依赖其他的方法，所以上述几种方法很可能会发生误报。以下方式将为未来节省时间和减少苦恼：在发生确定且可重复的错误时，建立技术基础设施纠正数据质量问题；只在指示信息极度可疑时发生警报。

基于单元格的规则

第一种也是最常用的方法是定义一组基于单元格的规则，以便在数据中的每个单独单元格上标识数据质量问题，并在可能的情况下正确地解决问题。这些规则可以检查有效格式、有效值或数据必须遵守的各种其他属性。

为了演示这些规则是如何呈现的，让我们继续先前的客户记录的示例。以下是这些数据一些可能的示例规则：

规则 1：姓名必须只包含字母字符，第一个字符必须大写。

规则 2：邮政编码必须包含五位数字并且是有效的邮政编码（检查有效邮政编码的外部数据库）。

规则 3：年龄必须是介于 0 和 120 之间的数字整数值（或者在范围内较高端的某个其他

合理值)。

对于这些规则中的任何一个,如果发现数据质量问题,也并不总是很清楚接下来该怎么做。例如,如果发现一个类似"123456"的邮政编码,你是将它转成"12345"还是"23456",还是干脆用 NULL 来表示未知的值呢?解决方案通常取决于问题和 / 或领域。通常"简单"解决方案是使用 NULL 而不是无效值,但这会导致更多的缺失值,这对于以后的建模步骤来说是有问题的。

在许多情况下,更可靠的解决方案是存在的。例如,如果地址字段有效,我们可以使用地址查找邮政编码,这样做不仅可以获得有效的邮政编码,而且可以验证地址与邮政编码的一致性。

静态的"价值分配"规则

检测数据质量问题的另一个常见方法是比较某个字段的分布与"预期分布",如果实际分布与预期分布"相差太远",则会发出警报。

回到客户记录的示例,我们可能会确定我们客户群预期的年龄分布。例如,我们可能知道 20% 的顾客不到 18 岁,20% 的顾客介于 18~25 岁之间,20% 的顾客介于 25~50 岁之间,40% 的顾客是 50 岁或以上。计算数据集中的实际分布,并将其与这些预期值进行比较,如果实际比例超出期望比例的 2%,则可以触发警报。

比较价值分布的一个有趣且众所周知的例子是 Benford 定律[⊖]在各种现实世界数据中的应用。这种技术也被称为第一位数法则,是以物理学家 Frank Benford 的名字命名的,Benford 发现了一个神奇的模式,即在自然出现的数字中,数字 1~9 在作为第一个数字时的出现频率[⊖]。这个定律提供了第一个数字的分布情况,如表 5.1 所示:

表 5.1 第一个数字的分布情况

第一个数字	出现频率	第一个数字	出现频率
1	30.1%	6	6.7%
2	17.6%	7	5.8%
3	12.5%	8	5.1%
4	9.7%	9	4.6%
5	7.9%		

实际上,该分布遵循一个简单的数学公式。对于每个数字 $d=1, \cdots, 9$,它是该数字中第一个数字的概率近似等于

$$P(d) = \log_{10}\left(1 + \frac{1}{d}\right)$$

重要的是要意识到,这个规律只适用于自然出现的数字而对人类控制或分配的数据无效。所以,邮政编码不会出现这种分布,而支付数据应该是可以的。

⊖ https://en.wikipedia.org/wiki/Benford%27s_law。

⊖ 有关该技术应用于数据质量方面的更多信息,可参阅:www.aae.wisc.edu/lschechter/benford.pdf。

Benford 定律通常应用于支付信息以发现欺诈，但它也可用作数据质量检查。如果在一个字段中自然出现的数据的数据值分布不符合这些频率，那么你手中的数据可能存在数据质量问题⊖。

差异化的"价值分配"规则

许多数据集需要定期（例如每周）重新创建以反映数据源中的最新更改和更新。

数据质量检查的另一种常见技术是比较某些数据字段在一周或一个月之前的分布情况。主要思路是，对于某些字段，我们可能不知道值的静态分布应该是怎样的，所以，我们要确保在两周之间这个分布不会发生太大的变化，或者在某个给定的预期范围值内变化。

再看前面邮编的例子。我们可能会计算属于特定邮政编码或一组能代表特定地理位置的邮政编码的客户的比例。之后，我们可以每周测量一次，如果每周变化高于某个阈值，则会触发警报。

这就需要比较先前的或历史的价值分布与当前分布之间的"距离"。一旦定义了距离，就可以根据阈值自动生成报告。从纯粹的统计卡方检验到信息理论的 Kullback-Leibler 散度伪度量，有好几种方法可以实现此目的。

卡方检验是一个众所周知的统计检验，可以用来确定两种分布所代表的两个随机变量是否来自相同的分布。如果检验确定分布不同，那么可能表示有数据质量问题，应该考虑进一步检查数据。

Kullback-Leibler 散度是一个伪距离指标，可以表明两个分布之间的距离。分布之间的距离越远，就越有可能存在数据质量问题。通常，在大多数情况下，如果要使用距离函数，则需要设定要使用的阈值，以决定是否要针对潜在数据质量问题发出警报。

离群分析

离群分析或检测是一组广泛的技术，用于发现已有数据点与其历史情况显著不同的情况。一个简单易懂的例子就是寻找心率的峰值。这些峰值表示出现异常情况，而正常状态是根据以往的情况定义的。

离群分析可以在单变量数据（单细胞）或多变量数据（多细胞）上进行。唯一的要求是需要有历史数据。通常，在进行数据挖掘时，我们会按类别来对历史数据进行分类。

例如，在含有药物数据的临床信息学中，我们可能会根据每月规定的止痛药数量的趋势来寻找异常值。

离群分析的难点是从数据中形成一些有意义的时间序列。在此之后，找到异常值的各项技术从偏统计和简单化的方式演变到愈加复杂的方式。可能最常见的方法是查看当前值，并确定它与之前的值相比变化的百分比。这种方法非常简单（有时会有误导性），但是我们发现这种方法易于理解，并且可以很自然将其用作"直觉"指标。

⊖ 尽管这项技术是 1938 年 Benford 在该话题上发表论文后命名的，但实际上早在 1881 年数学家 Simon Newcomb 就已经发现了这项技术。

对于刚刚介绍的简单离群技术，有一种方式从统计上更为可靠，那就是更多使用方差统计而不是简单的百分比。这种方法通常采用数据滑动窗口，取均值或中值，并计算一些方差统计量，如标准差。在给定当前点的情况下，计算与均值方差的距离，如果该距离超过阈值，则该点被认为是异常值（例如，如果该点距离窗口的均值为 3 个标准差，则被认为是异常值）。这种技术或其变体已经以统计过程控制的形式应用于制造业。此外，该技术是 Shewhart 控制图的基础，在此计算的方差是标准差除以样本大小的平方根。

这种技术面临的一个挑战是，由于依赖像标准差这样的变化统计量，它在很多种分布上可能表现不佳。另一个更强大的技术是中值绝对偏差（MAD）。类似于刚刚讨论过的，我们把数据窗口表示为 W，然后将中值绝对偏差定义为：

$$MAD(W) = median(|x_i - median(W)|)$$

现在，用当前的数据点 x，我们可以计算一个由 MAD 标准化的 z 值：

$$x_z = \frac{0.6745(x - median(W))}{MAD(W)}$$

有了这个修正后的 z 值，我们可以使用一个阈值来确定 x 是否是潜在的异常值。Iglewicz 和 Hoaglin[⊖]发表论文介绍了如何使用这种技术，并认为可以将 3.5 作为标记潜在异常值的阈值。我们发现实际使用的阈值类型非常依赖于数据集，但是这种技术对真实世界的数据有深刻的影响。

缺失值填充

如果你的数据有很多缺失值，通常有必要寻找一种合适的技术来填充这些缺失值。

计算缺失值 X 的最简单方法是计算某代表人口的均值或中值。但难点在于找到合适的人口，有时这基本是不可能的。例如，在一个房屋数据集中，每个记录包含以下字段：邮政编码、卧室数量、最终售价、面积（单位：平方英尺）以及楼层数。如果售价一列中有缺失值，则第一个合理的近似值可能是相似人群房屋的平均价格，例如他们的房屋都有同等数量的卧室。另一方面，如果你的缺失值是任意一种离散或分类变量，如邮政编码，计算均值或中值（甚至众数）都不可行。更复杂的缺失值填充需要用到机器学习技术。从本质上讲，你可以建立一个回归模型，指定变量 Y 是有缺失值的，再设定另外一些变量，如 $X_1 \cdots X_n$，是没有缺失值的。R 中可以使用 missForest 包来实现这种方法，它运用了随机森林机器学习算法来进行值的填充。虽然这么做可能会更精准，但请牢记，在处理大量数据时，应用这种机器学习方法通常会带来很大的计算消耗。

5.2.3   使用 Hadoop 进行数据质量控制

尽管数据质量并不是什么新话题，但是 Hadoop 的广泛运用以及新类型数据收集与存储的指数式增长，使得许多数据科学家开始重新关注数据质量。而且，数据的巨大规模使得依靠人工来解决数据质量变得不切实际，所以需要更自动化的方法。

⊖   Boris Iglewicz and David Hoaglin (1993), *How to Detect and Handle Outliers*, Vol. 16 in *ASQC Basic References in Quality Control: Statistical Techniques*, Edward F. Mykytka, Ph.D., editor。

　　在处理大型原始数据集时，数据质量引擎经常被集成到数据提取过程中。任何数据导入（使用 Sqoop、Flume 或定制化解决方案）之后都需要进行数据质量检查。

　　根据数据类型、更新频率和数量，在某些情况下我们可以保留原始数据集以及"干净"数据集（应用数据质量规则之后）。由于 Hadoop 存储相对便宜，因此保留此额外副本的成本并不高。保留原始数据集可以在出现任何数据质量问题时更容易进行调试。

　　此外，你可能发现创建合并数据集时，如果数据一致性问题得以解决是非常有益的。例如，如果你需要合并来自多个系统的数据，每个系统都用不同的方式来指定性别，则可以创建一个合并的视图来保证性别变量的一致性。

　　数据质量逻辑的实现在很大程度上取决于数据处理流程的基础架构，但比较常见的是使用 Pig 或 Hive 实现这些质量检查，比较有代表性的是使用用户定义函数（UDF）作为规则。

示例：用于 HCPCS 代码的 Pig UDF

　　在治疗病人过程中，会对治疗步骤进行编码，编码标准依据当代操作术语集（CPT）。CMS 使用该编码标准的广义版，被称为 HCPCS（医疗常用操作编码系统），我们在示例中会使用到。

　　医护人员经常手动输入这些代码，因此容易出错，所以需要进行数据质量检查。验证 HCPCS 代码的一种简单方法是使用正则表达式。此方法是基于单元格数据质量规则的一个简单示例。

　　在我们的示例数据集中，列出了医疗保险受益人治疗过程的 HCPCS 代码，这些代码由供应商编写用于从政府那边得到报销。下面的代码展示了如何使用 Pig 实现对 HCPCS 代码进行简单的有效性检查，并生成错误代码和每个代码计数的报告：

```
ROWS = load 'medicare_part_b.medicare_part_b_2013_raw' using HCatLoader();
HCPCS_CODES = foreach ROWS generate hcpcs_code,
➥ REGEX_EXTRACT(hcpcs_code,'(^[A-Z0-9]\\d{3,3}[A-Z0-9]$)',1) as match;
INVALID_CODES = filter HCPCS_CODES by match is null;
INVALID_CODE_G = group INVALID_CODES by hcpcs_code;
INVALID_CODE_CNT = foreach INVALID_CODE_G generate group as hcpcs_code,
➥ COUNT(INVALID_CODES) as count;
rmf medicare_part_b/bad_codes;
STORE INVALID_CODE_CNT into 'medicare_part_b/bad_codes' using
➥ PigStorage(',');
```

　　我们使用复杂的正则表达式来确定有效的 HCPCS 代码，如下所示：
- ❏ 表达式以大写字母或数字开始。
- ❏ 之后跟着三位数字。
- ❏ 代码以大写字母或数字结尾。

　　如果没有匹配上述正则表达式，Pig 的 REGEX_EXTRACT 会返回 NULL，所以如果原始文件中的 HCPCS 代码无效，我们在 ROWS 关系中的 hcpcs_code 字段将是 NULL。

　　理想情况下，生成的报告可以且应该能被用来纠正语法错误，或者至少能明确发现最常见的错误数据和错误类型。终于，我们的数据集完成了预处理，尽管有一些字段是空的。

5.3　特征矩阵

如前所述，数据科学中涉及数据再加工的第二大步骤，是将原始数据转换成所谓的特征矩阵。特征矩阵是机器学习算法的标准输入样式。

在大多数机器学习设置中，我们将感兴趣的对象（如用户、客户、机器等）表示为某些 N 维空间中的点或特征向量。矢量中的每个单元格可以是一个连续的值，也可以是一个离散 / 分类值，所有的特征向量具有相同的特征排序。所有特征向量的集合通常被称为特征矩阵。

更正式一点的说法是，设 A 是 M 行和 N 列的矩阵，其中 $A_{i,j}$ 表示第 i 个实例的第 j 个特征。在这个例子中，表 5.1 中实例 i 代表一行客户数据。A_i 是这个矩阵的某一行，它表示一个具有实例 i 所有特征的长度为 N 的特征向量。

下面来看一个简单的例子。我们希望为业务客户建立一个特征矩阵，选择使用五个特征来代表每个客户：

- ❏　年龄（连续型）
- ❏　邮政编码（类别型）
- ❏　上次购买的价格（连续型）
- ❏　上次购买的数目（连续型）
- ❏　平均购买价格（连续型）

在这种情况下，我们的特征矩阵将如表 5.2 所示（$A_{1,1}=25$，$A_{1,2}=94301$，$A_{1,3}=250$ 等）。

表 5.2　特征矩阵实例

	年龄	邮政编码	上次购买的价格（$）	上次购买的数目	平均购买价格（$）
Customer 1	25	94301	250	5	200.5
Customer 2	35	55423	20	2	50.0
Customer 3	75	33423	78	3	52.6
...					
Customer M	...				

5.3.1　选择"正确"的特征

为一个特定问题确定使用什么特征是数据科学最灵活的地方。没有什么规则能在所有情况下都快速生效，常识和经验在这里起着重要的作用。

非常常见的做法是去试验各种特征选项、进行迭代并测量模型的性能，直到最后有一组特征产出效果最佳。

虽然在机器学习中，在所有可能的机器学习算法（例如线性回归、支持向量机、神经网络、随机森林等）中选择正确的建模方法很重要，但是选择或生成正确的特征组更加关键。实际上，数据科学家会在试验各种特征和改善特征矩阵上花费大量的时间。

5.3.2　抽样：选择实例

抽样技术通常用于产生特征矩阵，由此来识别总体的一个子集并用于之后的处理。

抽样可以是概率性的（例如，随机抽样或分层抽样），其中每个原始实例具有某种特殊的可能性而被选取出来，也可以是非概率性的，这样一些实例可能永远不会被选到。

示例：使用 Pig、Hive 和 Spark 进行抽样

回到我们的医疗保险数据集的例子；数据集抽样处理常常是有益的。当然，在 Hadoop 生态系统中有很多类型的抽样，可以用各种方法来实现抽样。

使用 Pig 有各种各样的抽样选项。内置的 SAMPLE 运算符提供简单的概率抽样：

```
DEFINE HCatLoader org.apache.hive.hcatalog.pig.HCatLoader();
ROWS = load 'medicare_part_b.medicare_part_b_2013_raw' using HCatLoader();
SAMPLE_ROWS = sample ROWS 0.2;
rmf medicare_part_b/ex2_simple_sample;
STORE SAMPLE_ROWS into 'medicare_part_b/ex2_simple_sample' using
➥ PigStorage(',');
```

第二个参数（在本例中为 0.2）定义了关系中保留的实例百分比，在本例中为 20%。

对于这个数据集，你可能想要获得一组随机的供应商样本。换句话说，与前面所有行的随机样本不同的是，我们现在想得到指定供应商样本的所有行数据。

Apache DataFu ⊖是一个 Apache 项目，为数据科学数据再加工中常见的任务提供多个 Pig UDF，它提供了多个用于抽样的 Pig UDF，例如通过密钥抽样和加权抽样。

SampleByKey 可以帮助我们获得想要的基于用户的样本：

```
DEFINE HCatLoader org.apache.hive.hcatalog.pig.HCatLoader();
DEFINE SampleByKey datafu.pig.sampling.SampleByKey('0.2');
ROWS = load 'medicare_part_b.medicare_part_b_2013_raw' using HCatLoader();
SAMPLE_BY_PROVIDERS = filter ROWS by SampleByKey(npi);
rmf medicare_part_b/ex2_by_npi_sample;
STORE SAMPLE_BY_PROVIDERS into 'medicare_part_b/ex2_by_npi_sample' using
➥ PigStorage(',');
```

这样我们就得到了大概 20% 的供应商及所有这些供应商的行数据。

Hive 使用 TABLESAMPLE 运算符提供与 Pig 类似的随机抽样功能。使用 TABLE-SAMPLE，你可以要求按照比例或指定样本数量来进行抽样。例如，

```
SELECT * FROM medicare_part_b.medicare_part_b_2013_raw
➥ TABLESAMPLE(10000 ROWS)
```

得到 10 000 行数据，从 medicare_part_b_2013_raw 表中随机抽样，而

```
SELECT * FROM medicare_part_b.medicare_part_b_2013_raw
➥ TABLESAMPLE(20 percent)
```

得到原始表格中约 20% 的行数据。

Spark 在其 RDD 和 DataFrame API 中有一个抽样功能。例如，如下代码显示了如何使

⊖　https://engineering.linkedin.com/datafu/datafu-10。

用 PySpark API 来对 Spark DataFrame 进行抽样：

```
from pyspark import SparkContext
from pyspark.sql import HiveContext
hc = HiveContext(sc)
# load medicare dataset as a Spark dataframe
rows = hc.hql("select * from medicare_part_b.medicare_part_b_2013")
#Create a new Spark dataframe with 20% sample rows, without replacement
sample = rows.sample(False, 0.2)
```

5.3.3　生成特征

生成特征可能涉及原始数据集处理方面的多种类型，包括各种聚合或转换。我们来看看常见的特征类别。

简单特征

简单特征是与源数据集中的原始数据完全相同或非常相似的特征。例如，客户的年龄或邮政编码是一个简单的特征。我们不必进行任何转换，可以直接使用。

在某些情况下，可能需要进行一些简单的转换，如进行离散化或标准化（请参阅本章"特征操作"的章节）。例如，我们想要得到由年龄值（离散）转变而来的年龄组别的特征，年龄区间可以设定为 0～18、18～25、25～35、35～50 和 50+，并将每个客户归到这些组别中。

整合特征

整合特征与简单特征的不同之处在于它们需要在一系列原始数据上进行更复杂的计算。

例如客户的"平均购买价格"。要计算此功能，需要汇总客户所有的购买信息，并计算平均价格。根据特征定义和原始数据的格式，这项任务会比简单特征要复杂一些，且需要更多的计算资源。

"上次购买的价格"也属于整合特征类别。它需要查看客户的所有交易，按日期提取最新的交易明细，并从中得到价格的数据。

使用 Pig 或 Hive 时，在大多数情况下，数据中已经存在简单特征，或者简单特征是对现有特征进行简单转换而来的，而复杂特征则需要经整合后再计算。

示例：使用 Hive 生成特征

例如，在我们的 Medicare 数据集中，可以把每次治疗执行次数的百分位作为每个供应商的整合特征：

```
SELECT d.NPI as provider, d.HCPCS_CODE as code,
CASE
    WHEN cast(LINE_SRVC_CNT as int) <= p.percentiles[0] THEN "10th"
    WHEN cast(LINE_SRVC_CNT as int) <= p.percentiles[1] THEN "20th"
    WHEN cast(LINE_SRVC_CNT as int) <= p.percentiles[2] THEN "30th"
    WHEN cast(LINE_SRVC_CNT as int) <= p.percentiles[3] THEN "40th"
    WHEN cast(LINE_SRVC_CNT as int) <= p.percentiles[4] THEN "50th"
    WHEN cast(LINE_SRVC_CNT as int) <= p.percentiles[5] THEN "60th"
    WHEN cast(LINE_SRVC_CNT as int) <= p.percentiles[6] THEN "70th"
```

```
    WHEN cast(LINE_SRVC_CNT as int) <= p.percentiles[7] THEN "80th"
    WHEN cast(LINE_SRVC_CNT as int) <= p.percentiles[8] THEN "90th"
    WHEN cast(LINE_SRVC_CNT as int) <= p.percentiles[9] THEN "95th"
    WHEN cast(LINE_SRVC_CNT as int) <= p.percentiles[10] THEN "99th"
    ELSE "99+th"
END as percentile
from medicare_part_b.medicare_part_b_2013 d
join
(
  select HCPCS_CODE,
    percentile(cast(LINE_SRVC_CNT as int),
      array( 0.1, 0.2, 0.3 , 0.4, 0.5, 0.6, 0.7, 0.8, 0.9, 0.95, 0.99)
    ) as percentiles
  from medicare_part_b.medicare_part_b_2013
  group by HCPCS_CODE
) p on d.HCPCS_CODE=p.HCPCS_CODE;
```

复杂特征

有一些特性需要相当复杂的计算，而不是简单的整合，我们称之为复杂特征。

例如，假设以前定义的客户记录不包含城市字段。如果我们要添加"城市"到特征列表，我们可以使用邮政编码查找它。我们认为这是一个复杂的特征，因为它需要在另一个数据源中进行复杂查找。

我们不太可能全面介绍实践中可能会遇到的所有不同类型的复杂特征，所以将在此介绍几个例子：

❑ 从文本中提取特征，包括将自然语言处理（NLP）技术应用于文本输入

❑ 从时间序列数据中提取特征

❑ 从媒体数据文件（如音频、视频或图像 /PDF）中提取特征

5.3.4　文本特征

我们希望对文本特征进行特殊处理，这在数据科学项目中越来越普遍。

以文本文档作为输入数据，通常使用词袋（bag-of-words）模式，其中每个文本（句子或文档）被表示为所有单词的袋（多重集），而不考虑文字的顺序。通常删除"the""is"或"a"等常见词汇，因为它们通常不会为手头的任务带来任何重要的信息，因此被视为噪音词汇。

用我们的特征矩阵表示法，每个单词现在是由矩阵 A 中的列表示的特征，$A_{i,j}$ 的值反映单词 j 在文档 i 中的出现情况。在简单情况下，$A_{i,j}$ 可以是单词 j 在文档 i 中出现的次数，但也可以用其他的方式表示，最著名的是 TF-IDF（词频 – 逆向文档频率）。

对于 TF-IDF，$A_{i,j}$ 中的值是两个量的乘积：

❑ TF：词频

❑ IDF：逆向文件频率

令 $f(d, w)$ 表示文档 d 中单词 w 的原始频率。

TF 术语共有 4 个公式：

❑ 原始的：$TF(d, w)=f(d, w)$

❑ 布尔型：$TF(d, w) = \begin{cases} 1, & f(d, w) > 0 \\ 0, & \text{otherwise} \end{cases}$

❑ 对数：$TF(d, w) = \begin{cases} 1 + \log(f(d, w)), & f(d, w) > 0 \\ 0, & \text{otherwise} \end{cases}$

❑ 增强频率：$TF(d, w) = 0.5 + \dfrac{0.5 \cdot f(d, w)}{\max\{f(d, w) : w \varepsilon d\}}$

每个公式在原始计数的基础上有了不同的变化。

IDF 组件是用来衡量单词提供信息量的，而且会针对全文本语料库中每个单词进行计算：

$$IDF(D, w) = \log \frac{N}{|\{d \varepsilon D : w \varepsilon d\}|}$$

其中 N 是语料库 D 的大小。

IDF 组件是对文档进行对数缩放比例，文档中的单词都是来自整个语料库。IDF 的目的是强调罕见的词汇，同时最大限度地减少常见词汇的影响。

例如，"the"这个单词是一个常用词，因此可能出现在语料库 D 中的许多文档中。如果我们假设"the"在 D 中的每个文档中至少出现一次，则 $\{d \varepsilon D : w \varepsilon d\}$ 将等于 N，因此 IDF＝0。这个结果基本上消除了这个词，由于其普遍出现而认定是"不重要的"。另一方面，如果我们有一个不那么常见的单词，例如"natural"，分母就会更小，因此 IDF 的值将会大于 0。

示例：Spark 的 TF-IDF

Spark 提供 TF-IDF 功能作为 MLlib 机器学习库的一部分。试想存储在 hdfs://corpus/ 文件夹（带有多个文本文件）下 HDFS 中的文档集：

```
from pyspark import SparkContext
from pyspark.mllib.feature import HashingTF
from pyspark.mllib.feature import IDF

sc = SparkContext()
documents = sc.wholeTextFiles("hdfs://corpus/").map(lambda (file,
➥ contents): contents.split(" "))
tf = HashingTF().transform(documents)
tf.cache()

idf = IDF().fit(tf)
tfidf = idf.transform(tf)
```

在这个例子中，我们首先将文件夹语料库中的所有文件读取到名为 Spark RDD 的文档中（使用 wholeTextFiles 函数），该文档包含目录中每个文件的单词列表。（请注意，我们只是通过空格来实现最简单的分词。）之后，我们使用 HashingTF 函数计算每个文档中每个词的词频（tf）。最后，我们使用 *IDF*() 函数来计算 *IDF* 向量，并将两者与 idf.transform（tf）合并到最终的 TF-IDF 分数中。

需要注意的是，Spark 实现哈希算法来作为其 TF-IDF 功能的一部分，我们在本章后面会讨论哈希算法。

NLP：命名实体提取

命名实体识别或提取（NER）是指将文本中的元素归为一组预定义的兴趣类别，例如人名、公司名称和位置，但也包括诸如百分比、金钱、体重、电子邮件地址等类别。

命名实体提取工具通常使用人工制定的规则或机器学习模型来实现，这些模型经过优化以识别句子中的命名实体。

例如，这段话：

"英格兰赢得了世界杯。"

与下面这段话比较：

"世界杯是在英格兰举行的。"

在第一个例子中，"英格兰"代表组织，而在第二个例子中代表地点。在分析文本和创建特征时，进行这种区分对模型的准确性至关重要。

例如，如果我们在 HDFS 上有一个叫作 corpus 的文件，里面有句子，其中每个句子占一行，我们可以使用 Spark 的 Python 关联以及来自 Python 的非常强大的自然语言处理库 NLTK，逐行提取命名实体：

```
from pyspark import SparkContext
import nltk
def get_entities(text):
    tokens = nltk.tokenize.word_tokenize(text)
    pos = nltk.pos_tag(tokens)
    sentt = nltk.ne_chunk(pos, binary = True)
    ret = []
    for subtree in sentt.subtrees(filter=lambda t: t.label() == 'NE'):
        val = ' '.join(c[0] for c in subtree.leaves())
        ret.append(val)
    return ret
entities=sc.textFile("corpus").map(lambda sentence :
➥ get_entities(sentence)).collect()
```

NLP：否定句式

文本的另一个常见问题是在句子中识别正面或负面的含义。例如，通过系统查看医生的文本笔记来确定患者是否患有糖尿病。

简单的实现可能只是寻找特定的词，就可以诊断糖尿病，如"糖尿病""患糖尿病的"或"葡萄糖"。

但是，试想"患者患有糖尿病"这句话与"患者没有糖尿病"这句话。因此关键的是，系统能在第二句中识别出负面含义，而不是盲目地只看是否有"糖尿病"这个关键词。

NLP：单词矢量化

word2vec6 是谷歌最初开发的一种算法，用于计算语料库（文档集合）内词语的向量表示，例如基于类似用法的单词彼此接近，在此紧密度定义为余弦相似度。此外，现在我们有了一个向量空间，可以对矢量表示运用算法来组合单词（加法）或从单词中去除含义。后者可以用来表示类比。例如，vec（国王）－vec（男）＋vec（女）在这个向量空间中靠近 vec（皇后）。

通常这种矢量化的格式是查看文本数据的一种有用的方式，并且可以辅助执行诸如将多个相似单词放在一起或寻找相似单词作为特征。这种方式已被用于特征生成以及创建传统的 NLP 工具，如命名实体识别器或机器翻译器。

Spark 的 MLlib 出色地实现了 word2vec：

```
from pyspark import SparkContext
from pyspark.mllib.feature import Word2Vec
sc = SparkContext(appName='Word2Vec')
tokenized_data = sc.textFile("corpus").map(lambda row: row.split("\\s"))
word2vec = Word2Vec()
w2v_model = word2vec.fit(tokenized_data)
synonyms = w2v_model.findSynonyms('king', 10)
```

5.3.5　时间序列特征

许多现实世界的数据集都有时间这一维度——它们由一系列数据点组成，通常是由时间间隔组成的连续测量。这样的数据集通常被称为"时间序列数据"。

一个非常普遍的例子就是随着时间的推移衡量一个公司的股价。我们每天、每小时，甚至每分钟都可以获得该股票的价值。这些值是连续的，对它们的发生顺序有重要意义。其他例子可能是海洋潮汐、喷气发动机的温度测量，以及许多代表随时间测量的事件序列的情况。

在特征生成的背景下，将个别测量或事件视为特征是罕见的，而特征是通过时间序列数据⊖的某些聚集或衍生形成的。

时间序列分析的方法可以分为两类：频域和时域。

有关时间序列分析技术的整体介绍超出了本书的范围。我们希望提及的是，在很多类型的数据集上都有绝佳表现的常见技术：自回归（AR）、移动平均线（MA）、自回归移动平均（ARMA）、ARIMA 模型（ARIMA）、隐马尔可夫模型（HMM）、傅里叶变换、小波变换和动态时间规整。

5.3.6　来自复杂数据类型的特征

特征生成的另一个常见任务是从复杂数据类型中提取所述特征，包括：

❑ 特殊的文本文件格式，如 XML 或 JSON
❑ 音频文件，如 MP3 或 WAV
❑ 图像文件，如 JPEG、GIF 或 TIFF
❑ 视频文件，如 MP4 或 WMV
❑ PDF 文件

让我们看几个常见的例子，说明如何从这些复杂的数据类型中提取特征。

从 PDF 文件中提取文本

一个相当常见的用例是从 PDF 中提取文本和随后的基于文本的特征抽取。典型的处理

⊖　这与另一个单独的预测主题完全不同，这是时间序列分析中一个非常普遍的目标。我们不会在这里讨论预测。

流程包括使用光学字符识别（OCR）软件将 PDF 转换为文本，然后从文本中创建特征。

PDF 的一个有趣的特点是它还包括一些元数据，如页码、页面标题和其他这样的数据，这些数据有利于创建更好的特征。

例如，假设我们有一个由多个保险公司的车祸报告组成的 PDF 文件。我们可能知道，第一页包含关于客户的元信息，例如名字、姓氏、保单号码等。我们可以使用这些知识来指导系统从第一页中识别这些"识别特征"（使用"命名实体提取"技术），并从后续页面中正常提取文本，而不是从 PDF 中盲目提取文本和单词。

来自音频数据的特征

随着更多音频内容被存储和管理，出现了用于挖掘音频数据的多个应用程序。一些实际应用包括：

❑ 语音识别——将音频转换为文本

❑ 音乐分析——识别流派、艺术家 / 歌手、情绪和其他特征

❑ 语音分析——识别电话录音中的特定声纹，例如用于识别恐怖分子

❑ 医疗分析——医疗应用，如自动分析心音

在所有这些应用（以及其他许多未在此提及的应用）中，最重要的步骤之一，也是不可或缺的一步，即对原始音频数据进行预处理，以生成对实现学习目标有用的特征。

一些典型的技术包括通过快速傅里叶变换（FFT）进行频率分析、滤波、噪声去除、线性预测编码（LPC）等。对这个主题的深入讨论已经超出了本书的范围。但是，我们只想强调，这种预处理往往是非常具体的。因此，用于音乐的特征可能与用于心音分析的特征非常不同。

来自图像或视频数据的特征

图像和视频内容现在广泛可用。智能手机、Snapchat、YouTube、监控摄像机到处都是，甚至有可以进入你的身体并辅助医疗过程的微型摄像机——图片和视频数据在我们身边无处不在。

从图像和视频中提取有用的特征，需要研究界数十年来完善的一些专业技术，其中包括：

❑ 用于图像——边缘检测、角点检测、人脸检测等。

❑ 用于视频——场景分割、运动检测等

与音频数据一样，图像和视频特征提取的详细内容超出了本书的范围。

5.3.7　特征操作

在提取对建模最有用的特征之后，有时需要操作特征值以便为建模做准备，以执行诸如离散化、特征缩放和单热编码之类的任务。

特征值离散化

我们经常会有一个值为连续的特征，但我们希望它是离散的。例如，"年龄"特征可能是一个整数，但我们希望将人员分为年龄组，例如 18、18～25、25～35、35～50 和 50+ 等。

在某些情况下，具体的离散值以及原始值和离散值之间的映射函数是已知的，或由我们试图解决的问题确定。在年龄组范例中，有时候，某些年龄段在商业环境中很常见，我们希望能够匹配这种映射。

在其他情况下，离散化遵循数据中的一些模式，并且对于实现最佳模型准确性是重要的。例如，如果我们的人口只包括 18 岁以下的儿童，那么以前讨论的离散化是完全无效的。这将导致所有实例只有一个值的特征，使其冗余和多余。

比较流行的一种相当简单的离散化形式是阈值化，其中通过将连续变量的值与阈值进行比较来创建二进制特征（具有两个可能的值：0 或 1）。如果原始值高于阈值，则离散特征的值为 1，否则为 0。

缩放特征值

一些机器学习技术（但不是全部）在特征值调整到零为中值时具有更好的结果，并且具有相同数量级的差异。

如果情况并非如此，则例如具有非常高方差的特征可能主导目标函数并阻止算法正确学习。

在实践中，大多数输入数据集没有这个属性，因此我们必须应用比例缩放，即将数据转换为零均值、单位方差的数据。

单热编码

许多机器学习技术无法处理分类值。单热编码是在以下情况使用的一种实用技术：将分类变量转换为一组二进制特征。

作为一个例子，考虑分类变量的颜色，它可能包含以下值：蓝色、红色、绿色或黄色。这个变量的一个热门编码会产生四个新的二进制变量，以每个值（蓝色、红色、绿色和黄色）命名。

要在新方案中表示每个原始值，只需在适当的新变量中加 1，在其他三个中加 0。例如，蓝色和绿色表示如下：

值	蓝色	红色	绿色	黄色
蓝色	1	0	0	0
绿色	0	0	1	0

5.3.8 降维

降维是将数据从 N 维原始特征空间映射到 M 维的新特征空间，其中 $M \ll N$，从而丢弃数据中的非规范方差。降维作为数据可视化的一种方法已有很长的历史，但更重要的是，它往往能产出更好的学习和推理特征。

维度灾难

为了理解降维的重要性，我们必须首先解释一个众所周知的数据挖掘现象，即**维度灾难**。实际上，这个术语经常被用来描述多个领域中的一些不同的现象，但是这里将重点讨论它在机器学习和数据挖掘中的重要性。

维数灾难不是高维数据本身的问题，而是在特定算法的上下文中高维数据出现的问题，其中高维特征向量导致算法计算上不能很好地缩放或者说它不能正确地学习目标函数。

更具体地说，这容易衍生一些具体的问题。从学习理论的角度来看，我们有以下问题：

- 由于我们使用了大量的特征，最终其中有些特征是嘈杂的，我们拥有的特征越多，学习系统必须克服的噪声就越多。而且，一些特征更可能是相关的。
- 每个维度的增加需要指数级多的训练实例来覆盖特征值的 N 维空间，从而使学习处理的难度呈指数级增长。
- 随着维数的增加，距离的概念变得不那么精确，因为任何给定数据集中任意两点之间的距离会收敛。

从计算的角度来看，学习预测模型或运行聚类算法的计算工作通常取决于特征的数量，并且可能随着数目的复杂性呈指数级增长。

特征选择

降低维度的一种方法是选择特征的子集。特征选择技术可以被分类如下：

- 过滤方法，其中使用评分函数（诸如互信息、卡方等）来评价每个特征与目标变量的相关性。基于得分，选择前 N 个特征并用于建模。
- 包装方法，其中选择特征的子集，并对于每个子集执行完整的模型推断测量循环三步过程，其中提供最佳结果的子集最终被选择。包装方法倾向于选择比过滤方法更好的特征，但容易过拟合。
- 嵌入式方法执行特征选择作为模型构建过程的一部分。一个很好的例子就是用于构建线性模型的最小绝对收缩和选择算子（LASSO），它惩罚回归系数，使其中的许多值收缩到零（这意味着它们"消失"或被取消选择）。
- 特定领域的方法，在某些情况下，领域提供了减少维度的自然方法。例如，对于文本数据，通常会删除所有停用词（例如，英文中的 to、the、a 和其他常用词）或使用词干（比如英文 both Daniel and Daniel's 简化为 Daniel）。

特征映射——PCA 相关

处理高维数据集的另一种方法是使用无监督的特征映射。这里的主要思想是，我们不是选择原始特征的一个子集，而是通过将数据投影到较低维度来创建一组全新的特征，从而让新特征重建原始特征而使得误差最小化。

这些映射方法中最常见的一种被称为主成分分析（PCA）。在 PCA 中，我们取原始特征矩阵 A，将其归一化为均值，并创建其协方差矩阵 ΣA。ΣA 的前 P 个特征向量（具有最高特征值）构成了主要组成部分——新特征。在实际应用中，通常需要足够的特征向量来覆盖 80%～90% 的方差。

与 PCA 类似，还存在一些其他的降维变体，如独立分量分析（ICA）、线性判别分析（LDA）和潜在语义索引（LSI）。

示例：使用 Spark 降低维度

以下代码示例显示如何使用 Spark 执行主成分分析。在这个例子中，我们假设已经构建了一个 RowMatrix，它包含了我们所有的特征：

```
import org.apache.spark.mllib.linalg.Matrix
import org.apache.spark.mllib.linalg.distributed.RowMatrix

// Assume we've built a row matrix somehow before the PCA
val mat: RowMatrix = ...  // some RowMatrix as input to PCA

// Perform PCA to find top 20 principal components
// Principal components are stored in a local dense matrix 'pc'
val pc: Matrix = mat.computePrincipalComponents(20)

// Project rows to linear space spanned by top 20 principal components
val projected: RowMatrix = mat.multiply(pc)
```

哈希技巧

在自然语言文本中，经常使用相对少量的独特词语，而且很多词语相当少见。例如，本书中的词"数据"比词"语义"更常见。

词的分布也被称为齐夫定律（Zipf's Law）。如果从字典中选择一个随机单词，那么在你的数据中很少会用到这个单词。即使你从字典中选择一对单词，这两个单词在文本中出现的频率也很小。

所谓的哈希技巧（本章前面所提到的）就利用了这个事实，使文本数据特征减少幅度颇大；如果文本中的单词（或 n-gram）数量是几千甚至几百万，那么它就特别有用。要应用"哈希技巧"，我们遵循以下步骤：

❑ 确定一个合适的哈希函数，其输出范围的大小与希望的（减少的）数量的特征兼容。

❑ 通过哈希函数运行每个单词或 n-gram，函数的输出成为新的特征——列索引。

这看起来很奇怪，但是由于哈希函数的性质（使得碰撞很少）和齐夫定律（保证任何两个单词碰撞的可能性较小）的性质，这是有效的。

实际实验也证实了这一点。实际上，普通（高维）词袋的性能与（低维）哈希后的数据结构大致相同。无论何时发生碰撞，这通常发生在两个罕见的单词之间，在大多数情况下，罕见的单词不会改善模型的准确性。

5.4 小结

在本章中：

❑ 我们了解了数据中出现的不同类型的数据质量问题，以及如何使用 Hadoop 解决这些问题。

❑ 我们了解了特征生成的重要性，以及如何使用 Hadoop 工具（如 Pig 或 Spark）从大型数据集生成特征。

❑ 我们审查了各种类型的特征，包括简单、复杂、文本、时间序列和其他类型。

❑ 我们了解了各种操作特征值的方法，如离散、单热编码和哈希技巧。

❑ 我们了解了特征选择和降维以及解决维度灾难的重要性。

## 第 6 章

探索和可视化数据

一个好的素描比一个冗长的演讲要好。

——拿破仑·波拿巴

本章将介绍:

❑ 基于文本的表格数据本不易理解,但可视化可以对数据提供指导和洞察。在此还将
介绍可视化的优缺点。

❑ 选择正确的可视化方法是重要的第一步。演示图表的常见类型会在数据科学的背景
下进行探索和解释。

❑ 数据可视化的工具很多。本章提供了一些主流数据可视化工具的简要说明。

❑ 使用 Hadoop 和大数据进行数据可视化的目标与其他任何数据集一样。但是,随着
数据集规模的扩大,有很多关键的问题需要考虑。

6.1 为什么要可视化数据

数据可视化是指以图形方式表示数据的一系列技术。

由于相比阅读文本信息,我们的大脑能够更快、更高效地处理图像,所以可视化是理解
复杂数据和识别这些数据中模式的一种非常有效的方式。

可视化有很多应用场景,包括:

❑ 跟踪业务指标,如客户增长、收入或盈利能力

❑ 监控系统指标,如延迟、响应时间或正常运行时间

❑ 客户细分的可视化

❑ 在物理学、生物学和化学等领域的可视化

6.1.1 示例:可视化网络吞吐量

为了展示可视化的价值,我们来看一个简单的例子。一个基本的 TCP 网络连接报告显

示该连接有时表现不佳。进行网络测试会产生列表 6.1 中所示的时间序列结果。首先要注意的是数据量和报告的精度。请注意，为了使列表更具可读性，有些数据已被删除。图 6.1 和图 6.2 使用了所有的原始数据。

列表 6.1　用于 10Gb 以太网连接的 TCP 网络数据

```
Time      Throughput
0.000009  0.832672
0.000009  2.484703
0.000009  4.962730
0.000009  6.642901
0.000009  10.732942
0.000009  15.646943
0.000009  20.307985
0.000009  22.754678
0.000010  25.143004
0.000010  27.476959
0.000010  36.783738
0.000010  38.995069
0.000010  48.616004
0.000010  50.924660
0.000010  72.220666
0.000010  76.769224
0.000010  93.381360
0.000010  98.102704
0.000010  100.107533
0.000010  146.455460
0.000010  147.317372
0.000010  188.794830
0.000010  186.953481
0.000010  188.841299
0.000011  270.672748
0.000011  272.481987
0.000011  274.394542
0.000011  351.795725
0.000012  504.789793
0.000012  505.600630
0.000012  642.967597
0.000012  644.940953
0.000013  876.241226
0.000013  879.311261
0.000014  1080.895784
0.000014  1081.299586
0.000017  1342.076785
0.000017  1356.069978
0.000024  989.478183
0.000031  994.553659
0.000031  993.382850
0.000031  1006.075902
0.000020  2341.426009
0.000020  2344.847975
0.000022  2880.498526
0.000025  3708.358544
0.000025  3712.915547
0.000030  4209.928688
```

```
0.000029 4334.698820
0.000036 5204.014528
0.000044 5717.610987
0.000044 5664.566118
0.000044 5656.346172
0.000058 6514.094510
0.000058 6477.378004
0.000058 6466.840155
0.000073 6859.199973
0.000100 7478.694485
0.000125 7968.246798
0.000125 8000.771409
0.000126 7956.891948
0.000179 8384.965176
```

在两列数字中发现网络问题并不容易。如果你仔细观察并进行对比，可能会在列表 6.1 中看到一些问题，但对数据进行可视化后能更容易、更直观地看出数据问题的原因所在。图 6.1 是列表 6.1 中的数据图（该图是使用 R 绘制的）。

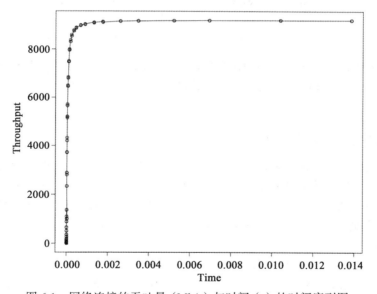

图 6.1 网络连接的吞吐量（Mb/s）与时间（s）的时间序列图

初看这张图不会发现任何异常；数据点绘制出来曲线较平滑、走向可预测。但是更仔细观察图 6.1 会发现该图存在一个问题，即大部分数据点集中在 0.000s 到 0.002s 内。对这类图中的点进行分散的方法之一，是对看似"压扁"的轴使用对数刻度。如果 X 轴（时间）为对数刻度后重新绘制该图，则结果如图 6.2 所示。

该图现在指出了吞吐量范围为 1000Mb/s 到 2000Mb/s 之间的某种类型的问题。如果现在检查列表 6.1 中的原始数据，很容易找到问题。然而，正确绘图使得异常数据能被轻易地挑出来。

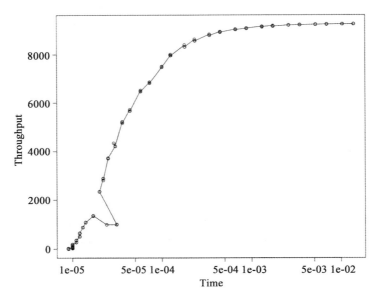

图 6.2　网络连接的吞吐量（Mb/s）与日志时间（s）的时间序列图

正确的可视化，有助于我们使用比数据表更清晰的方式找出难以发现的异常或特征。但是，当需要精确值和 / 或数字比较时，制表数据是更有用的。可视化可以显示数据的趋势或"形状"。

6.1.2　想象未曾发生的突破

尽管可视化非常有帮助，但也可能被滥用，使数据使用者得出错误的结论。

我们都读过那些宣传新产品或产品更新后性能提升相关的头条。在许多情况下，一些性能指标使用类似于图 6.3 的条形图绘制在 y 轴上。初看时，该图表明与竞争对手相比，性能似乎有了重大突破（与 X、Y 和 Z 公司对比）。有人看完图 6.3 后可能会得出结论：新产品代表了性能上的突破。

然而，经过进一步的检查，你会注意到 y 轴的起始点似乎设置成一个任意值 5.7，最高值和最低值之差为 0.4。如果图 6.4 中图表的 y 轴是用从 0 开始创建的话，则结论完全不同。请看图 6.4 中的数据，可以看到新产品性能只是比其他产品略胜一筹。

从市场角度来看，图 6.3 的结果让人兴奋不已，但是从现实的角度来看，图 6.4 则更接近事实，且如果考虑购买产品的话，应该参考图 6.4。当然，还有其他因素需要考虑，例如性价比、用电量、可靠性等。

图 6.3 的一个困扰点在于创建图表的电子表格 / 制图软件包默认具有决定 y 轴范围的自动缩放功能。显然，自动缩放有助于放大差异，但是在可视化结果时，也会放大这些相同的细微差异。为了避免对数据进行过度解读，默认图应该总是包含全部的数据范围，或者使用某种规范化形式来展现，保证在一个适当的范围内（例如百分比或基线）。

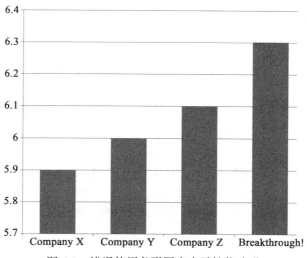
图 6.3   错误使用条形图来表示性能改进

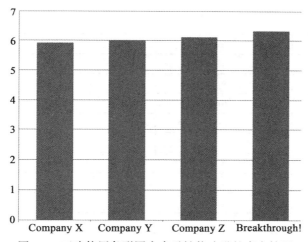
图 6.4   正确使用条形图来表示性能改进的真实情况

6.2   创建可视化

创造引人注目的可视化是一门艺术。它涉及了解需可视化的数据、围绕数据进行描述、选择正确的图表类型以及渲染最终的图形。

我们来看一些可视化图表的基本类型以及它们最适合的使用场景。这里所涵盖的可视化类型绝不是详尽无遗的，但确实提供了可视化数据的基本方法。

重要的是，要使用的最佳图表或图形类型通常由用户的问题决定⊖；让我们来回顾四种

⊖　安德鲁·阿贝拉博士（Dr. Andrew Abela）提供了一个流行的图表选择指南 http://extremepresentation.com。

图表类型及其经常用来解答的问题类型：

　　1. **对比图**——用于解答关于两个或多个变量如何相互比较的问题。例如，比较不同州之间的销售收入。

　　2. **组成图**——用于解答有关各种数据项组成的问题。例如，按产品类别（如农产品、面包、冷冻品等）来细分杂货产品收入。

　　3. **分布图**——用于解答有关数据底层分布的问题。例如，显示按月销售的分布情况。

　　4. **关系图**——用于解答有关数据集或变量之间关系的问题。例如，显示一年中的月份与预测的销售量之间的相关性。

　　下面将使用三种饮料（Iced_Coffee、Hot_Coffee、Hot_Tea）的月度销售数据，来说明几种常见的图表类型。示例数据如表 6.1 所示。我们提供的图表是使用 R 语言生成的。用于生成图表的数据和 R 脚本可以在书籍网页上找到（请参阅附录 A）。

表 6.1　用于图表的示例数据

Month	Iced_Coffee	Hot_Coffee	Hot_Tea
Jan	1	12	14
Feb	3	15	14
Mar	6	14	9
Apr	4	9	6
May	9	10	12
Jun	10	8	11
Jul	15	2	10
Aug	12	5	4
Sep	8	4	6
Oct	4	9	6
Nov	2	12	16
Dec	3	19	11

6.2.1　对比图

　　对比图用于比较或关联一段时间内的变量。用户可以在对索引值（如时间）排序后，查看单个变量或比较多个不同变量的值。一个来自零售业的例子是统计单个商店或多个商店每天的交易次数。

　　现在有各种类型的对比图，包括条形图和柱状图、折线图（时间序列）、面积图和子弹图。

　　图 6.5 展示了两个简单的条形图。

　　要注意的是，有些人会反驳说，图 6.5 中图表的正确名词应是柱状图，而非条形图。有些人认为从左到右水平绘制条状的图才是严格意义上的条形图。在实践中，术语条形图可以是任一方向的。

折线图通常用于比较一段时间内的变量。图 6.6 展示了一个单线图和一个多线图。折线图中的线不应被视为数据点（即在线上）之间的变量值。这些线条仅用于直观地连接数据点，并帮助观察者发现可能的形状或趋势。

如果将图 6.5 与图 6.6 进行比较，不难发现，条形图或柱状图倾向于将观察者的注意力集中在柱子之间的差异上，而观察者在看折线图时则倾向于将焦点放在形状或趋势方面的比较。

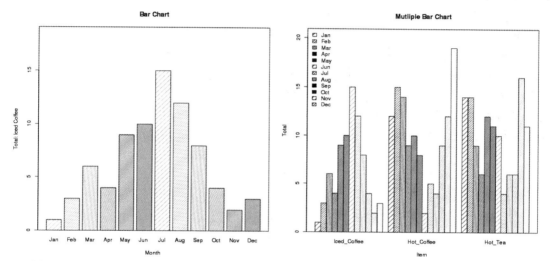

图 6.5 两个示例条形图。左边的图表对比冰咖啡每月的值。右边的图表展示了 12 个月内每种饮料的对比。数据也可以将所有三种饮料按月分组进行展示

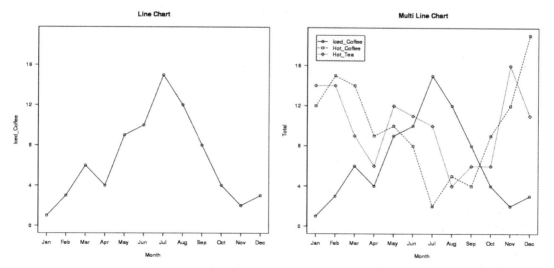

图 6.6 两个示例折线图。左边的图表使用一个变量（冰咖啡），而右边的图表绘制了所有三个变量

6.2.2　组成图

组成图展示和对比数据组成或值的内部分布，这通常意味着将总体拆分至各组成部分。例如，当天的总销售额可以是三种产品的组合：产品 A 销售额、产品 B 销售额和产品 C 销售额。

可以使用组成图来查看每个值对整体的贡献。组成图的典型示例包括饼图、甜甜圈图、堆积条形图和堆积面积图。最简单的（或许也是最容易被过度使用的）组成图是饼图，图 6.7 展示了一个饼图的例子。饼图可以快速直观地表示一个指标。

然而，饼图经常会使用不当，从而使对比变得困难。请看图 6.7 中的饼图，以下哪块切片更大？四月还是十月？实际上它们一样大。十二月的切片看起来也差不多，但实际上更小。带三角的圆形切片几何形状无法很好地展示数据中的细微差异。图 6.7 中同样的信息也已绘制在图 6.5（左）中。图 6.5（左）中的数据差异很明显，12 月份的数据与 4 月份或 10 月份的数据明显不同。为了使饼图更容易理解，通常会将百分比包含在图表中。但是，一张简单的信息表往往会更清晰。

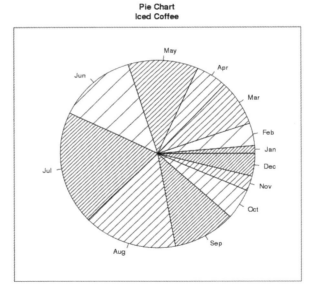

图 6.7　冰咖啡饼图示例

最后，饼图在展示两三个发生频率方面明显不同值的时候还是很有用的。一般来说，饼图能很好地展示两到三个可能结果的组成分布（例如，在 1598 名受访者中，487 名表示"是"，1278 名表示"否"，其余 167 名表示"无意见"）。在多数情况下，有很多可以代替饼图的方式。

条形图或柱状图也可以用来表示数据的组成。图 6.8 中的两幅图展示了按值（堆积条形图）和百分比（100% 堆积条形图）来表示每个变量对数据指标总量的贡献。

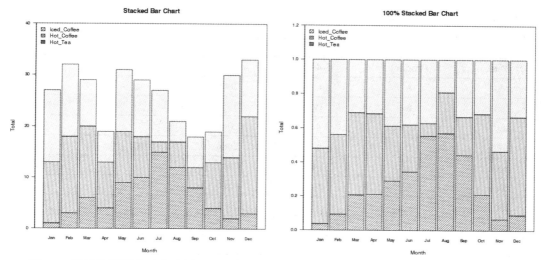

图 6.8　堆叠条形图的两个示例。左图表示每个变量对总体值的贡献。右图表示贡献占总体的百分比

　　100% 堆积条形图的一个有意思的变体是图 6.9 所示的堆积面积图。图 6.9 是由表 6.2 的简化数据列表创建的。

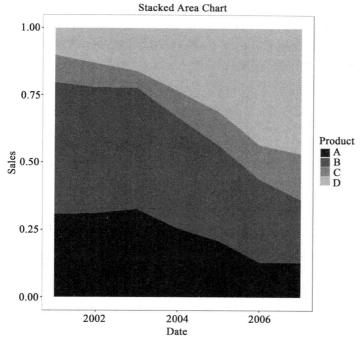

图 6.9　100% 堆积面积图的示例

　　100% 堆积面积图展示每种产品销售额在当年总销售额的占比。这种类型的图表可以很

好地展示整体各组成部分随时间的变化。

表 6.2　用于堆积面积图的简化示例数据

Date	Product	Sales	Date	Product	Sales
2001	A	12	2006	A	5
2001	B	19	2006	B	12
2001	C	4	2006	C	5
2001	D	4	2006	D	17
2002	A	14	2007	A	6
2002	B	21	2007	B	11
2002	C	4	2007	C	8
2002	D	6	2007	D	22
…	…	…			

6.2.3　分布图

分布图可以帮助我们找到所绘制变量可能存在的统计分布。

常用分布图是柱 / 条形图（单变量）、直方图（单变量）、散点图（两个变量）、三维面积图（三个变量）或点阵图。散点图和气泡图的例子可以在"关系图"部分找到。图 6.10 展示的是示例数据的直方图和点阵图。直方图展示的是示例数据中 Iced_Coffee 的销售额，点阵图展示的是示例数据中两个变量（Iced_Coffee 和 Hot_Coffee）的销售额。在这两种情况下，图表都可以显示数据是如何进行分组的（或不分组）。特别地，图 6.10（左）中的直方图表示冰咖啡销售量的频率。

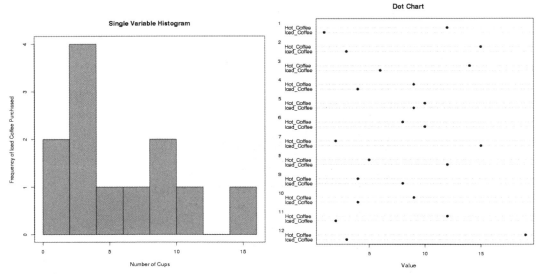

图 6.10　冰咖啡数据的直方图（左），冰咖啡与热咖啡的点阵图（右）

另一种类型的分布图是盒须图[⊖]，此图是展示变量的最小值、中值和最大值以及下四分位数、上四分位数和突出异常值的有效方法。盒须图为表示数据集分布方面提供了一种简单方法。

图 6.11（左）显示了盒须图的组成部分。盒子区域指的是四分位间距（IQR），代表从第 25（Q1）到第 75（Q3）百分位的数据范围。50% 的数据点都会落在都在 IQR 内。

盒须图两端都有须，上端须为第 75 百分位（Q3）加上 IQR 的 1.5 倍，下端须是从第 25 百分位（Q1）减去相同的 IQR 的 1.5 倍。如果分布正常，须应该包括 99.3% 的数据。任何超出须的数据都被视为异常值，并以数据点表示。图 6.11（右）给出了表 6.2 中数据的盒须图。

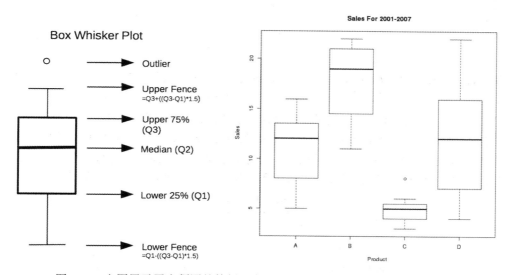

图 6.11 左图展示了盒须图的特征，右图是用表 6.2 中的数据呈现的盒须图

6.2.4 关系图

在寻找数据之间的关系时，关系图可能会非常有帮助。常见的关系图表可表明两个或多个变量之间的连接或关联。示例关系图包括散点图（两个变量）、气泡图（三个变量）、热图、圆形网络和分组条形图。

举个例子，比如比较冰咖啡和热咖啡的销售情况。图 6.12 表示了用于比较的散点图和气泡图。散点图是这两个变量的简单比较，而在气泡图中，Hot_Tea 变量用于设置表示每个 Iced_Coffee、Hot_Coffee 对的气泡大小。

在这种情况下，从图上我们可以看到，冰咖啡和热咖啡的销售量似乎有一个弱的负相关关系——当热咖啡销售量上升时，冰咖啡的销售量相对较低，反之亦然。

⊖ 最初由 John W. Tukey 创建。

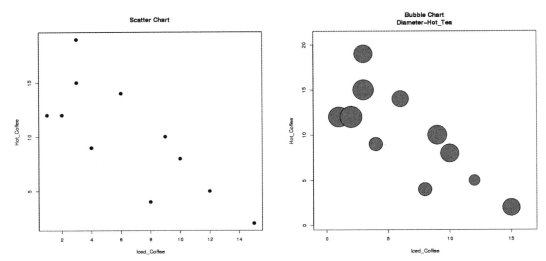

图 6.12   左图是比较 Hot_Coffee 和 Iced_Coffee 销售量的两个变量散点图，右图是三个变量
散点图或气泡图。Hot_Tea 的值用于确定气泡图中的圆形点的大小

当找寻多个变量之间可能的关系时，如图 6.13 所示的散点图矩阵就是一个有用的工具。

在这个例子中，Iced_Coffee、Hot_Coffee 和 Hot_Tea 这三个变量的任何两变量组合都被绘制为矩阵的一部分。对角线表示相对于自身的变量，并用在该特定行和列中使用的变量进行标记。使用散点图矩阵，可以通过视觉图轻松识别变量之间的负相关和正相关。

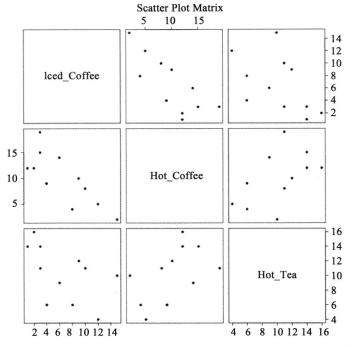

图 6.13   来自示例数据的变量 Iced_Coffee、Hot_Coffee 和 Hot_Tea 的散点图矩阵

在图 6.13 中，可以注意到在 Hot_Coffee 和 Hot_Tea 之间存在一个弱的正相关（即正相关是两个变量在相同方向上增加或减少，完美的相关性将是一个正斜率的对角线）。相反，Hot_Coffee 和 Iced_Coffee 似乎存在弱的负相关性（即负相关性是变量向相反方向移动），当一个变量增加时，另一个变量减小，一个完美的负相关性将是斜率为负的对角线）。Hot_Tea 和 Iced_Coffee 之间似乎没有相关性，因为数据点看着更像随机分散。

6.3　针对数据科学使用可视化

作为数据探索、模型构建和模型性能监视工作流程的一部分，数据科学家通常将数据可视化用于各种目的。这些目的包括以下内容：

- ❑ 在建模开始之前，通常需要进行数据质量评估，以确保对数据进行正确清理，正如我们在第 5 章中所讨论的。可视化对于此目的是一个很好的工具；例如，对于给定数据集中的年龄变量——使用分布图（如直方图）可以了解年龄如何分布以及是否与预期一致。
- ❑ 在探索性数据分析和发现过程中，当我们准备建模数据并考虑各种可能的建模特征时，可视化通常用于：
  - ❍ 使用散点图理解变量之间的关联或其他类型的关系。
  - ❍ 使用分布图识别变量中的潜在数据异常值。
- ❑ 在评估数据科学系统的性能（脱机或基于实际生产监控指标）时，数据可视化通常用于显示一段时间内的性能（比较图表）或一个模型相对于另一个模型的性能。一个很好的例子就是受试者工作特征（ROC）曲线或者精确查询曲线，我们在第 8 章中介绍这个曲线。

6.4　流行的可视化工具

有许多可视化工具可用于创建漂亮的数据图表。由于数据经常需要在绘图之前进行“按摩”，因此一些最常用的可视化工具实际上是建立在经常用于统计并提供矩阵或数据框架抽象的强大语言之上的。

以下内容提供了一些数据科学家使用的更流行的可视化环境。还有其他可用的工具不在此内容中（例如，所有电子表格都具有图形功能）。

6.4.1　R

R 是用于统计计算和图形的编程语言和软件环境。R 语言在科学家、统计学家和数据分析师中很受欢迎。

R 用于数据分析和演示（图表和图形）。R 是 R 基金会为统计计算所支持的一个 GNU 项目。有关更多信息，可以在 R 的网页 https://www.r-project.org/ 中找到。

R 在其核心组件中包含一个 base 安装包。这是在 R 中提供可视化支持的基本包，包含了所需的大部分图表类型。由于基本图形软件包的一些问题，主要包括烦琐的自定义、难以处理的工作流程，以及图形中附加信息编码的内置支持，多年来还有其他软件包可用，其中包括：

❑ 由 Deepayan Sarkar 撰写的 lattice 安装包，它是基础图形的第一个替代方案，现在它与 R 的基本发行版一起提供。它支持多面板（例如，在一个页面上多个散点图），通过传送附加信息颜色和其他有用的功能，与基本软件包相比，可简化用户的工作流程。

❑ 由 Hadley Wickham 撰写的 ggplot2 软件包，它很快成为大多数 R 用户的首选软件包。它基于"图形语法" [⊖]，支持多种功能，如多面板、将变量映射到面、图层等。

6.4.2 Python：Matplotlib、Seaborn 和其他

Python 是许多领域中使用的非常流行的交互式编程语言。 Python matplotlib 库（http://matplotlib.org/index.html）是一个二维绘图库，可以在多种不同的平台上以各种硬拷贝格式和交互式环境创建出印刷质量的绘图。

虽然 matplotlib 是多功能的，可以在 Python 脚本中使用，但它被认为是 Python 中可视化工具的"祖父"。这是非常强大的，但随着这种力量日趋复杂——你可以用 matplotlib 做任何事情，但要弄清楚如何做并不是那么容易。

如果使用 Pandas 数据框架包，它也通过绘图功能具有一些集成的图形功能。

Seaborn 是另一个基于 matplotlib 的可视化库，旨在使默认的数据可视化更具视觉吸引力，并使复杂的图形更简单。

对于 R 迷来说，最近的 ggplot Python 包实现了一个类似 ggplot2 的界面，用于在Python 中创建可视化文件。

6.4.3 SAS

SAS（统计分析系统）是由 SAS 软件研究所开发的商业软件套件，用于高级分析、多变量分析、商业智能、数据管理和预测分析。 SAS 最初发展于北卡罗来纳州立大学（North Carolina State University），从 1966 年开始，直到 1976 年 SAS 软件研究所成立。 SAS 有几个可用于创建图表的组件。请参阅 http://www.sas.com 以获取更多信息。

❑ Graph-N-Go 主要用于报告。图表可以以各种格式保存，包括标准图形格式和 html 格式。但它只支持一组基本的图表类型。

❑ SAS/Insight 是另一个可用于探索变量和变量之间关系的软件包。它提供了许多关于变量的详细信息，如单变量统计。它的交互性为以图形和分析方式探索数据提供了一个很好的工具。

⊖ http://vita.had.co.nz/papers/layered-grammar.pdf。

❏ SAS/Analyst 支持探索和报告。有很多类型的图形，它还创建了可用于生成新图形和修改分析的可定制 SAS 代码。

❏ SAS/Procs 提供了创建更复杂图表的选项（包括基于文本的字母数字图）。

6.4.4　Matlab

Matlab（矩阵实验室）是由 MathWorks 开发的多范型数值计算环境。

Matlab 支持矩阵操作、函数和数据的绘制、算法的实现、用户界面的创建以及与由其他语言（包括 C、C++、Java、Fortran 和 Python）编写的程序的接口。

目前有大量的绘图选项可供选择。有关更多信息，请参见 http://www.mathworks.com/products/matlab。

6.4.5　Julia

Julia 语言（http://julialang.org）是一个新的受欢迎的科学计算环境。作为一个开源应用程序，Julia 可以生成具有各种渲染后端的各种类型的图形，既可以直接在文件中执行，也可以直接在浏览器中执行。该语言类似于 Matlab，易于使用、交互且快速。其交互功能可以添加到图形和图表。有关更多信息，请参阅 https://en.wikibooks.org/wiki/Introducing_Julia/Plotting。目前，GadFly（http://gadflyjl.org/）软件包似乎是最受欢迎的 Julia 绘图库。

6.4.6　其他可视化工具

其他一些流行的商业软件包是 Tableau 和 QlikView。除了一些商业智能（BI）功能之外，两者都提供顶级图形处理和绘图工具。

这些工具对新用户具有很大吸引力，因为它们提供了一种易于使用且快速的方法，无须建模或编程即可将数据可视化。

6.5　使用 Hadoop 可视化大数据

正如我们迄今为止所看到的，可视化工具和技术对于各种数据科学活动（包括数据挖掘、变量选择等）非常有用。下一个明显的问题是：在较大的数据集上执行可视化，与在较小的数据集上执行可视化是否不同？

简单来说是不同的，但或多或少有些相似点，其中有两个主要用例：

❏ 采样——在单个点绘制在图上的情况下，在大多数情况下，用户可以绘制点的子样本以获得相同的结果。

❏ 聚合——当可视化显示汇总级别的信息时，只需使用 Hadoop 在大数据集上执行聚合，然后像往常一样绘制结果。

让我们来看一个在变量对之间的散点图的例子，我们的输入数据集（驻留在 Hive 中）非常庞大。由于有大量的数据点，绘制散点图时无须包含所有数据点，否则会导致输出图形需要很长时间才能生成。相反，可以使用 Hive 的 TABLESAMPLE 运算符对数据进行采样，从而得到比原始数据集的大小小很多的样本，并根据较小的数据集绘制散点图。

另一个有趣的例子是从大型数据集中绘制直方图。在这种情况下，可以使用 Hive、Pig 或 Spark 来计算每个直方图 bin 中的计数，然后使用任何绘图包来显示结果。

6.6 小结

在本章中：

❏ 我们提出了数据可视化的基本原理。视觉图可以表示复杂性和模式，这些复杂性和模式不易从大量的文本或数字数据中辨别出来。

❏ 我们使用简单的示例数据提供了数据图表的简要概述。这些例子包括对比图、组成图、分布图和关系图。本书网页上也提供了用于创建图表的示例数据和 R 脚本（请参阅附录 A）。

❏ 我们学习了如何在数据科学中使用可视化。

❏ 我们介绍了一些常用的可视化工具，还提及了一些商业和公用的软件（开源）工具。

❏ 我们介绍了如何将可视化方法应用在大数据和 Hadoop 处理中。

第三部分

使用 Hadoop 进行数据建模

第 7 章
Hadoop 与机器学习

从本质上讲，所有模型都是错的，但有些却是有用的。

——George E.P. Box

本章将介绍：
- ❑ 机器学习概述
- ❑ 机器学习任务类型
- ❑ 使用大数据进行机器学习的缘由
- ❑ 机器学习的工具
- ❑ 机器学习和 AI 的未来

在本章中，我们将介绍一些常用术语，提供机器学习技术的概述，并讨论大数据如何能够对其准确性和有效性产生积极影响。

7.1 机器学习概述

机器学习是统计学、计算机科学和应用数学等领域成功研究的成果，它从所有这些领域获得借鉴。

历史上，作为人工智能（AI）的一部分，机器学习是在 20 世纪 50 年代后期发展起来的，其目标是构建能模仿人类思维的机器。因此，早期的模型是基于大脑的生物学（所谓感知机是二元线性分类器的有监督学习算法，可以决定输入是属于这一个类别还是另一个类别）。

经过一段时间的相对缓慢的进展以及基于规则的决策系统的普及，决策树再一次使用了一种模拟技术来重新激活机器学习，该技术提供了良好的准确性并且可以被人类解释。与此同时，多层神经网络创造出了新的可能，打破了感知机的局限性。

1995 年前后，支持向量机被提出并迅速被采用，并且在 2000 年，更多的研究使线性模型显著进步，使得机器学习更加健壮并且能够在大得多的数据集上建模。后来随着随机森林和梯度提升树的引入，模型融合变得流行起来。

最近，一系列被称为深度学习的技术再度引起人们对多层神经网络的兴趣，这种神经网络将有监督和无监督的学习技术[⊖]结合到一个单一的框架中，并承诺会对机器学习带来革命。这些技术已经在谷歌、Facebook 和百度等互联网公司中得到了实际应用，在搜索引擎之外也越来越受欢迎。我们将在第 12 章中对其进行深入学习。

7.2　术语

为了开始对机器学习的讨论，我们将介绍下面的通用术语。

- ❑ 观测——在机器学习中，我们经常处理观测。每个观测都是一些对象或实体（如电子邮件、客户、设备等）的数据表示。
- ❑ 特征——每个观测都被表示为观测的特征向量（也称为变量或属性）。例如，对于垃圾邮件过滤模型，可以选择一组词（特征）来表示电子邮件（观测）。在这种情况下，每个功能都会计算关键字在电子邮件中出现的次数，0 代表关键字在邮件中完全不出现的情况。
- ❑ 目标——对于一些机器学习技术（如监督学习），有一个关于观测的特征或变量，我们将其标记为"目标"或"标签"，表示希望能预测特征值。

通常我们称这种表现形式为特征矩阵，如表 7.1 所示。

表 7.1　一个特征矩阵的例子

	Feature 1	Feature 2	Feature 3	Feature 4	…	Feature P
Observ 1	1	0	2.3	0	…	2
Observ 2	0	0	3.5	0	…	−3
…	…	…	…	…	…	…
Observ N	1	1	10.2	1	…	−6

这个特征矩阵中的行表示观测结果（每个观测一行），列表示特征。因此每个观测被表示为 P 特征的向量。

特征通常是数值型（浮点值），但也可以是类别型（如垃圾邮件或非垃圾邮件）或有序型（Twitter 的重度、中度、轻度用户）。

7.3　机器学习中的任务类型

机器学习背后的基本思想是自动识别或"学习"数据模式。机器学习有两种常见的场景：监督学习和无监督学习。

⊖　我们将在本章后面描述有监督和无监督的学习。

通过监督式学习，可以提供一组示例观测作为训练集。目标是通过使用提供的示例来学习输入（特征）和输出（目标变量）之间的关联。

在无监督学习的情况下，输入数据只是一个没有目标变量的观测特征矩阵。因此，它经常用于探索性分析，以获得对数据的洞察或作为监督学习之前的一步。

虽然机器学习的范围比较广泛，机器学习从业人员往往把重点放在以下五大类型的任务上。

- ❏ **预测建模**——通过一组示例（通常称为训练集）学习一个函数。如果学习的目标变量是类别型的，则问题被称为"分类"（例如，给定电子邮件，将其归为垃圾邮件或非垃圾邮件），如果目标变量是数字，则问题被称为"回归"（例如，给定特征，如房间数量、建筑面积等，预测房间的价格）。我们将在第 8 章中更详细地介绍预测建模。
- ❏ **聚类**——识别彼此相似的自然分组或观测聚类（如其特征所表示的）。可参见第 9 章。
- ❏ **异常检测**——如果与大多数值的分布相比，识别为异常的观测值。可参见第 10 章。
- ❏ **推荐系统**——根据其他用户的历史偏好数据，预测某个用户对产品或物品的偏好。
- ❏ **购物篮分析**——识别在同一观测中共同出现的物品或变量之间的关联模式。这种技术通常也被称为关联规则。

在接下来的几章中，我们将详细介绍这些任务类型（特别是预测建模、聚类和异常检测），解释它们是如何工作的，以及讨论 Hadoop 和大数据如何提高这些任务的有效性，并展示每个任务类型的实际代码示例。

7.4 大数据和机器学习

机器学习模型的质量在很大程度上取决于所给数据的质量和大小。我们生活在一个大规模数据集广泛存在的时代，并且数据在不断快速发展（比摩尔定律更快），例如：

- ❏ 现在，在线用户行为活动可以从网站的访问数据（Facebook 和 Twitter 行为、搜索查询、WhatsApp 消息等）中获取。
- ❏ 从可穿戴设备（例如 Fitbit、Jawbone 和 Apple Watch）获取个人健康运动相关的指标（心跳、步数等）。
- ❏ 广泛可用的传感器数据（例如，从喷气发动机、火车、摄像机等获取的），并存储在海量数据集中。
- ❏ 科学数据集在持续增长，如高能物理实验、天文观测或基因数据的获取。

无论任务类型（分类、回归、聚类或异常检测）如何，更多的原始数据能转化为更好更准确的模型：

- ❏ **新特征**——通常，大数据意味着新的数据源可用，使数据科学家能够为其模型创建全新的特征，从而创建更好的模型，例如汽车保险公司的风险模型。该公司开始收集实时驾驶信息（从汽车中的传感器收集的数据流），并使用这些新数据创建各种新的建模特征，例如"平均驾驶速度""每天的驾驶小时数"等。

❑ **准确的特征**——用于数据建模的大多数特征都是从原始数据中估算出来的。随着数据的增加，这些估计往往更准确，并具有较小的方差，最终能衍生更好的模型。继续前面汽车保险风险模型的例子，比如"平均每年事故数"这一特征。如果在此之前公司只保留了一年的历史事故数据，这个平均值仅根据一个数据点来进行估算。有了大数据后，可以保存 10 年的历史数据，通过计算 10 个数据点而不仅仅是 1 个数据点，这就可以更准确地估算"平均每年事故数"这个值。

❑ **更多的实例**——在很多情况下，有更多的实例（样本）可能有助于获得更好的结果。虽然情况并非总是如此（通常取决于相对于模型中特征数量的实例数量），但这通常值得探讨。此外，如果数据集不平衡，并且包含一个非常少见的类别，那么更多的实例将最有可能提高学习算法的性能，例如医疗保健欺诈检测系统，其中欺诈索赔的数量是索赔总数的 1/1000。在这种情况下，最初有 10 万个实例，听起来数据量挺大，但其中只有 100 个属于欺诈案例，这个样本量可能不足以了解这些案例的特点。在这种情况下，如果有 100 万个实例的话，则意味着有 1000 个欺诈案例，这可能对检测准确性有显著的积极影响。

拥有更多数据的挑战在于构建和应用模型需要更多的处理能力。幸运的是，有两个趋势是有益的：

❑ 持续的技术创新，降低了定价，提高了 CPU、内存和存储器的性能。
❑ 分布式计算平台（如 Hadoop）及其并行处理框架（如 Pig、Hive 和 Spark）的成熟。

7.5　机器学习工具

我们生活在一个机器学习从学术研究领域转向广泛应用的时代。这种趋势在大量现有的（通常是免费的、开放源代码的）机器学习库和工具中是很明显的，这些库和工具已经很成熟，有着良好的实现，并且也经过了很好的测试。请参阅附录 C，以获取以下多个软件包的链接。

大多数工具和库被设计为在单个机器上的内存中工作，其中包括：

❑ 大多数 R 机器学习软件包，如 caret、e1071、rpart、C50、randomForest、gbm、clust、glmnet、neuralnet、arules 等。
❑ Python 的 scikit-learn 软件包，实现各种有监督和无监督的机器学习算法。
❑ 用于机器学习的 Java 库，例如 WEKA 和 RapidMiner。
❑ Vowpal Wabbit 是一个基于 C++ 的机器学习库，以其速度和规模而闻名。

这些软件包或库中的大多数被设计为在单个机器（可能是 Hadoop 集群上的单个客户机节点）的内存中工作，尽管它们通常支持使用多核机器的简单并行化。

对于大数据场景来说，这往往是一项挑战，因为规模化会受单个机器的限制；然而，在许多实际情况下，即使原始数据可能非常大，进行预处理之后，特征矩阵可以被切分得足够小以适用于单机内存的处理。

举一个例子，建立一个监督学习模型的流失预测。假设我们的业务拥有 2000 万用户，我们的模型代表每个用户拥有 100 个特征；如果每个特征是一个浮点数（4 个字节），最终得到一个大小为 20MB×100×4 或小于 4GB 的矩阵。在一台机器上有 64GB 或更多的 RAM，这样的特征矩阵可以很容易地装入内存。

对于单台机器解决方案无法扩展的情况（无论是由于内存还是速度限制），都有一些基于 Hadoop 的机器学习解决方案。最令人兴奋的工具是 Spark MLlib，这是 Apache Spark 的机器学习库（Apache Flink 社区也在等同的机器学习功能上很努力）。

Spark MLlib 是一个分布式机器学习库，它使用 Spark 作为底层的执行引擎，并支持各种机器学习算法，如下所示。

- 监督式学习——线性和逻辑回归、决策树、随机森林、梯度推进树、朴素贝叶斯和等渗回归。
- 聚类——k 均值聚类、LDA（Latent Dirichlet Allocation）、高斯混合
- 协同过滤——交替最小二乘法。
- 关联规则——FP-Growth。

使用 Spark MLlib，该算法直接在 Hadoop 集群上运行，从而充分利用了 Hadoop 的处理能力和并行功能。

其他一些开源项目包括分布式机器学习的各个方面：Apache Mahout、Apache Flink ML、Conjecture 和 ML-Ease（LinkedIn 项目）。一些封闭源代码实现包括 SAS、Microsoft ML 等。

7.6 机器学习和人工智能的未来

自从人工智能作为一个研究课题开始以来，它始终让学术界和实践者着迷。因为有希望让自主机器人和机器自由交谈，它们可以像人类一样学习、思考和行事，甚至比人类做得更好。

大数据时代是朝着这个方向迈出的令人兴奋的新步伐。技术平台首次实现了对海量数据集快速、高效的收集和存储，以 Hadoop 作为其中心，并将其用于驱动大规模机器学习的研发。

7.7 小结

在本章中：

- 我们简要回顾了机器学习的历史并探讨了五种常见任务类型：预测建模、聚类和异常检测、推荐系统、购物篮分析。
- 我们讨论了为什么大数据对机器学习非常重要，以及它如何通过新特征、更精确的特征以及更多的实例来帮助提高其准确性和有效性。
- 我们回顾了在单机（Python 或 R）或 Hadoop（Spark MLlib）等分布式环境中机器学习算法的各种工具、库和平台。

第 8 章
预 测 建 模

做出预测是困难的，特别是如果想预知未来的话。

——Niels Bohr

本章将介绍：
- ❏ 预测建模概述
- ❏ 分类与回归
- ❏ 评估预测模型和交叉验证
- ❏ 预测建模的算法
- ❏ 如何为预测模型构建端到端的解决方案
- ❏ 示例：使用 Spark 分析进行短微博情感分析

基于监督学习方法，预测建模是一套非常有效的技术，这套技术也是受到人类思维难以置信的学习能力的启发而来的。

8.1 预测建模概述

预测建模是实践中最普遍的机器学习技术，在每个能想到的领域都有实践。

一些常见的例子包括：
- ❏ 将电子邮件分类为垃圾邮件或非垃圾邮件
- ❏ 将肿瘤分类为癌性或良性
- ❏ 预测客户是否会流失
- ❏ 将在线广告应用的搜索引擎访问分类为：点击或不点击
- ❏ 预测卡车司机是否要违规
- ❏ 将短博文的情感意图分为正面或负面
- ❏ 预测客户的终身价值（LTV）
- ❏ 预测房子的价格

❑ 预测借款人偿还债务的可能性

在预测建模（或监督学习）中，目标是在给定一组共 N 个训练样本（称为训练集）的情况下，学习输入观察值 x 到输出 y 的映射关系。

每个训练样例被表示为 P 个特征向量 F(1) 到 F(P)（有时称为自变量）与目标变量（有时称为因变量）y，如图 8.1 所示。

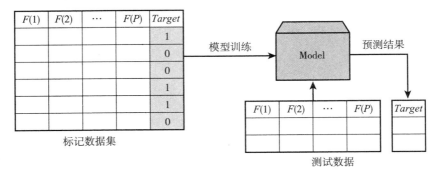

图 8.1　预测建模流程图

使用训练集，预测性建模试图"学习"一个函数，如果给定观测值的相应特征向量，在某种准确的定义下尽可能精确地输出目标变量的值。训练的结果是一个模型，可以随后用于预测新的或未见过的观测样本。

接下来我们讨论监督学习的两种形式，即分类和回归，也会更详细地介绍监督学习在每种情况下是如何工作的。

8.2　分类与回归

当目标变量是类别型时，监督学习问题被称为分类，而在目标变量是连续数值型时，我们称之为回归。

当变量可以采用固定数量的类别作为目标时，目标变量就是类别型的。例如，预测垃圾邮件的模型可能只有两个目标类别：垃圾邮件和非垃圾邮件。这种分类被认为是二元分类。但是，当用一个模型来预测患者是否患有某一种疾病时，这种情况将是一个多分类问题。

为了说明分类情况，请看以下用例：移动电话供应商正在建立一个模型，以预测其客户是否有可能在未来 30 天内流失（即转到另一个移动供应商）。该模型使用以下特征作为每个客户的特征：年龄、性别、作为客户的天数、每天的分钟数、每月的分钟数和设备类型。这个模型如图 8.2 所示。

在这种情况下，每个客户都映射到一个单独的观测样本，由各种特征（如年龄、性别等）表示。目标变量表示客户是否流失（在这种情况下用"是"和"否"这两个值表示），并且因为是二元变量，所以这是分类问题。使用历史观测的特征值和客户流失的完整训练数据集，该模型经训练后可随后用于预测客户流失。

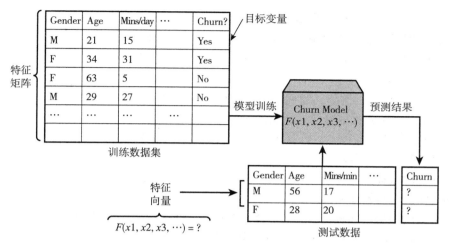

图 8.2 分类示例

为了说明回归问题的场景，请看医疗保险公司的一个例子，该公司可以根据历史成本、人口统计数据、现有的医疗条件和其他类似的特征来建模预测给定患者的未来医疗保险费用，如图 8.3 所示。

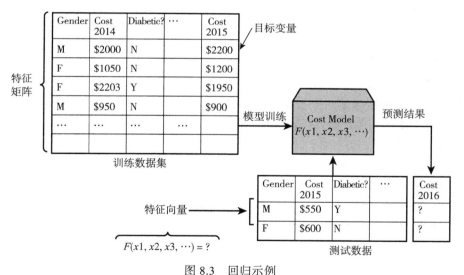

图 8.3 回归示例

在这个例子中，目标变量是一个连续变量（未来成本以美元计），因此这个问题被归类为回归。

8.3 评估预测模型

在将模型部署到生产环境之前，通常要评估其预测性能，以了解其在生产环境中的执行情况。评估分类器与评估回归模型不同。通常用于评估的具体标准取决于问题背景。

此外，数据科学家在构建预测模型时通常会有各种选择，例如：

- 使用哪些特征。通常有大量可能的特征可供选择，而明智的特征选择常常带来更好的模型结果。
- 使用哪些算法。例如，我们使用决策树、线性模型、支持向量机（SVM）还是随机森林？（有关各种监督学习算法的内容将在本章后面讨论。）
- 为每个模型的各种参数选择不同的值。例如，对于随机森林，需要指定树的数量和每棵树的最大深度。

每个这样的选择往往导致模型具有不同的准确度，因此在建模过程中经常需要评估各种模型并确定哪一个是最佳的。

一个普遍的做法是随机洗牌，然后将最初提供的例子分成三个部分：训练集、验证集和测试集（常见分法为 60% 用于训练、20% 用于验证、20% 用于测试）。分好之后，我们使用训练集训练各种候选模型，并使用验证集评估每个模型的性能。在拆分数据集时，至关重要的是对不同类型的目标结果进行良好的、均匀的呈现（比如分类器的每个类别的数目尽量相同）。如果一个类别的样本数量偏差太大，当应用到现实世界的无偏的数据时，分类器的预测可能会不太准确。

然后，验证集上表现最佳的算法类型、所选的特征集合以及参数值，则会被挑选出来并将其用于最终模型；在测试集上测量这个最终模型的性能以获得对整个模型的最终估计。

8.3.1 评估分类器

对于分类性能，通常使用从所谓的混淆矩阵（也称为应变表或误差矩阵）导出的各种度量来测量。一个混淆矩阵是一个 N×N 矩阵（其中 N 是分类或预测类别的数量），其中每一行反映了实际类中的实例，每列代表预测类中的实例。矩阵的单元格计算落入每个实际与预测对应组合的数量。

例如，在常见的二元分类（设定为"是"与"否"的分类）情况下，混淆矩阵只有四个单元格，如表 8.1 所示。

表 8.1 混淆矩阵示例

		预估类别	
		是	否
真实类别	是	TP＝82	FN＝13
	否	FP＝7	TN＝67

在这个例子中，混淆矩阵中的数据反映了模型的正确或不正确的分类结果。

- **真阳**（True Positive）——模型正确预测"是"类的情况。在表 8.1 中，相应的值是 TP＝82。
- **真阴**（True Negative）——模型正确预测"否"类的情况。在表 8.1 中，相应的值是

TN＝67。

❑ **假阴**（False Negative）——模型错误地预测"否"类的情况，而实际的类是"正"。在表 8.1 中，相应的值是 FN＝13。

❑ **假阳**（False Positive）——模型错误地预测"是"的情况，而实际的类是"否"。在表 8.1 中，对应的值是 FP＝7。

在构造混淆矩阵之后，可以使用它来计算精确度的各种度量，以突出分类任务的不同方面。

❑ **准确度**（Accuracy）被定义为 (TP+TN)/(TP+TN+FP+FN)，反映正确分类实例的百分比。

❑ **精确度**（Precision，或预估为正的正确率）被定义为 TP/(TP+FP)。关注"是"类，精确度反映了被预估归类为"是"且实际也为"是"的实例在被归类为"是"的类别中的百分比。直观地说，高精度意味着分类器在它确定"是"方面犯的错误很少。

❑ **召回率**（Recall，也称为灵敏度或真阳率）被定义为 TP/(TP + FN)，并且反映了我们的分类器正确识别为"是"的实例占实际"是"的实例的百分比。直观地说，高召回意味着分类器成功地确定了大部分"是"类情况。

❑ **特异性**（Specificity，或真阴率）被定义为 TN/(FP+TN)，反映了根据我们的模型正确识别的"否"类的实例在所有"否"类实例中所占的百分比。直观地说，高特异性意味着分类器正确识别了大多数"否"类情况。

哪些度量标准很重要取决于实际使用，而且通常决策阈值（高于此阀值则预估为"是"）的选取也决定着度量标准之间的权衡。例如，如果正在为客户流失制定一个模型，则可以考虑精确度和召回率之间的折中方案。当然可以建立一个高精度和低召回的模型（使用高阈值），其中很少客户会被预测为流失，但其中大多数实际上是流失的，或者具有高召回率和低精度的模型（使用低阈值）；然而，要同时最大化精度和召回率往往是困难的。

评估分类器性能的一个常见步骤是绘制 ROC 曲线（receiver operating characteristic curve，如图 8.4 所示）或精确度 / 召回率曲线（如图 8.5 所示）。

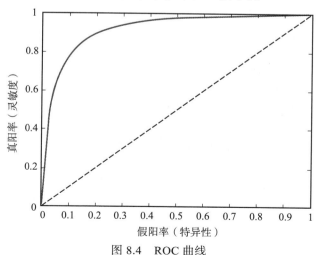

图 8.4　ROC 曲线

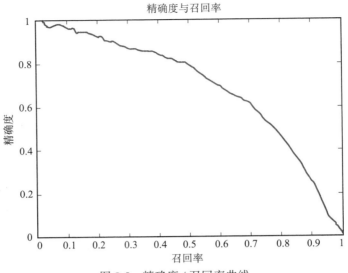

图 8.5　精确度 / 召回率曲线

ROC 曲线绘制了真阳率（灵敏度）与假阳率之间的关系曲线，并能帮助了解正确分类的阳性例子的数量如何随着错误分类的阴性例子的数量而变化。类似地，精确度 / 召回率曲线是横纵坐标分别用召回率和精确度来绘制的图。这提供了分类器间权衡的不同视角。

当比较分类器时，一个有用的指标是 ROC 曲线下的面积（AUC）。随机分类器将提供与假阳性一样多的真阳性，如图 8.4 中的虚线所示，并且 AUC 值为 0.5。完美分类器的 ROC-AUC 值为 1.0，并且任何使用的分类器的该值位于 0.5～1.0 中间的某处，更高值对应于更好的分类器。

精确度 / 召回率曲线的 AUC 也是一个有用的指标，特别是当我们处理不平衡的类分布时（欺诈检测就是一个很好的例子，其中欺诈数据集中的实例数量比非欺诈的数量少得多），因为它对真阴性没有太大的影响。

8.3.2　评估回归模型

对于回归模型的性能评估，通常是用验证集上的错误率来衡量的。有两个流行的错误指标：

❑ 均方根误差（RMSE）——均方根误差被定义为

$$\text{RMSE}(\hat{y}) = \sqrt[2]{\sum_{i=1}^{n} (\hat{y}_i - y_i)^2 / n}$$

❑ 平均绝对误差（MAE）——意味着绝对误差被定义为

$$\text{MAE}(\hat{y}) = \sum_{i=1}^{n} |\hat{y}_i - y_i| / n$$

在前面，n 是实例的数量，y_i 是第 i 个实际目标值，而 $\hat{y}_i$ 是第 i 个预测值。

RMSE 是数值回归中最常见的误差度量。与 MAE 相比，RMSE 放大了误差，也就更能惩罚更大的误差。

8.3.3 交叉验证

在评估预测模型时，通常使用交叉验证来确保估计的准确度度量是可靠的，并有助于防止模型过度拟合。

交叉验证的一种常见形式为 k 折交叉验证，其中完整的训练集被随机划分为 k 份，然后我们重复下面的过程 k 次（$i=1, \cdots, k$）：

1. 使用除第 i 份以外的其他数据来训练模型。
2. 计算第 i 份（用于验证）训练模型的准确性。

整体性能度量的计算方式为：k 次迭代的度量的平均值。如果将 k 取为训练集的大小，则每份由单个实例组成，这就是所谓的留一交叉验证（leave-one-out cross validation）。

这种技术比传统的验证方法（即训练、测试和验证数据）更受欢迎。因为在训练集较小，或者数据分布不佳导致不能较好地获取代表整体的测试数据时，交叉验证被证明是一个更有用的估计方式。

8.4 有监督学习算法

在训练有监督学习模型时，有多种类型的算法可供选择，包括：k 最近邻居、神经网络、决策树、支持向量机、广义线性模型、随机森林和梯度提升树。

尽管这些建模技术背后的数学细节、统计学假设和机制不同，但这些模型都以类似的方式工作：给定训练集的特征和目标变量，它们学习某种函数来估计给定特征变量到目标的映射函数。

下面来简单介绍几个最常用的算法：

- **k 最近邻居**——这些算法定义观测数据点之间的距离度量，并使用此度量进行分类或回归。这个技术的核心是能够确定任何给定的观察的最近邻居。对于分类，一个看不见的观测被分类到其最近的邻居中最受欢迎的类别。类似地，在回归中，使用 k 最近邻居的平均值。
- **神经网络**——大脑结构、密集相连的神经元激发了神经网络算法的发明。神经网络是通过学习数据样本来模拟大脑结构和学习能力的尝试。
- **广义线性模型**（如逻辑回归和线性回归）是一种学习技术，将目标变量建模为特征的线性函数。线性模型在实践中被广泛使用，最近的扩展例如绝对收缩和选择算子（LASSO）和弹性网络使得它们非常稳健和有效。
- **决策树**——决策树是一种非常常见的非线性学习技术，其使用树状结构来描述最优决策，其中树中的每个非叶节点代表决策。

❑ **树组合**——另一类监督学习算法是树组合。一个强大的实例是随机森林，它由一组决策树集合组成，每个决策树使用训练实例和特征的随机子集训练而成。对于分类和回归，每棵树都被用来做出一个单一的决策，并且基于所有树的输出的投票来作出最终的决定。

对每种算法及其数学基础的详细介绍超出了本书范围。然而，感兴趣的读者可以在附录C 中列出的许多关于机器学习的书中找到这些细节。相反，当试验这些技术时，我们想强调一些值得重点考虑的问题：

❑ 这些技术中的多数可以用于分类或回归。例如，决策树可以用于两者，线性模型用于回归，逻辑回归用于分类。

❑ 一般来说，每种算法都会对数据做一些假设。因此，一个特定的算法可能会更好地为一个特定的数据集所使用，而另一个可能更适合另一不同的数据集。确定真实世界数据集的确切分布常常是困难的，并且一些提前试验对于选择使用最佳算法通常是必要且有益的。

❑ 有些算法训练或预测的速度比其他算法快。例如，对于 k-NN（k 最近邻居），实际上基本没有训练时间，但是预测时间可能比其他算法更长。另一方面，线性模型可能需要更长的训练时间，但由于线性模型本质上计算点积，所以预测相当快。随机森林训练和测试时间取决于森林中树木的数量。

❑ 有些算法需要更多的内存来训练和存储结果模型，而其他算法占用的空间很小。例如，对于 k-NN，整个训练集在内存中用于预测，而线性模型只需要模型的每个特征对应的单个浮点数权重。

❑ 组合方法（如随机森林或梯度提升树）是元方法，其中建立了一个简单模型的集合，并且使用一个投票机制决定最终的结果。实际上，这些方法通常更不容易过拟合，而且通常更容易调整。

8.5 构建大数据预测模型的解决方案

现在已经了解了预测模型的各种风格以及如何评估它们的性能，下面来看看端到端解决方案的架构。

从架构的角度来看，预测模型包括两部分：

❑ **模型训练**——从训练样例中学习目标函数。

❑ **预测**——将模型应用于不可见的数据。

8.5.1 模型训练

创建一个模型或一组模型的流程通常如图 8.6 所示。

驻留在 Hadoop 上的（直接在 HDFS 上或 Hive 中的表中）原始数据集，用户使用 Hive、Pig 或 Spark 进行处理以执行数据清理和规范化，然后进行特征生成。这些步骤的输出构成了预测模型训练集的特征矩阵和标签。

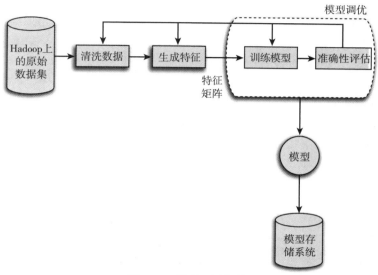

图 8.6 模型工厂架构

正如第 5 章中进一步讨论的那样，强调清理和规范化的重要性是非常重要的。一组好的预测特性非常重要，可以显著提高所建模型的价值。具体而言，对于大数据来说，认真执行特征选择或使用降维技术（如主成分分析）以减少过拟合的可能性，并使算法能够最佳地执行，这些都是非常重要的。

而后进行模型调整。这个步骤是一个迭代的过程，涉及多个循环的训练和评估，直到模型的最佳设置（提供最好的精确度）被找出。模型调整过程中的一些常见步骤是：

1. 尝试各种算法（例如逻辑回归、决策树、神经网络），看哪一个性能最好。

2. 优化每个建模算法的参数。例如，随机森林中树的数量或线性回归中的正则化参数 λ。

3. 模型评估的交叉验证（如前面所描述的）。

所有这些工作都需要多次执行训练到评估的迭代，幸好这些执行是相互独立的，可以并行执行。因此，Hadoop 的并行处理功能非常方便，使数据科学家能够并行运行这些模型，并更快地完成调整。

一旦选择了最佳模型，通常会将其存储回 Hadoop 中，以供将来在预测流程中使用。考虑模型存储格式和版本这两个方面都是很重要的。

大多数机器学习软件包在本地环境中将模型作为对象（在面向对象的编程意义上）产生，并且可以将这些模型存储到磁盘以供稍后用于预测。但是，这些本机对象需要在用于模型生成的相同平台上进行预测。

另一种方法是使用预测建模标记语言（PMML），这是一种捕获机器学习模型的基于 XML 的标准。使用 PMML，预测工作流可以使用任何 PMML 执行引擎，而不管模型的生成环境如何。不幸的是，在许多流行的数据科学软件包中缺少对 PMML 的支持，所以实际使用 PMML 的情况是很少的。

在大型复杂系统中生成多个模型时，模型版本化成为一项重要的功能——允许系统操作员控制和审计使用哪个版本的模型来预测哪个结果。模型版本控制并不普遍受到流行的数据科学软件包的支持，因此通常以自定义的方式实施。

8.5.2　批量预测

一个常见的预测流程就是批量预测，我们可以定期对一大组对象进行预测，例如，我们希望重新预测每个客户每天流失的可能性。这个过程如图 8.7 所示。

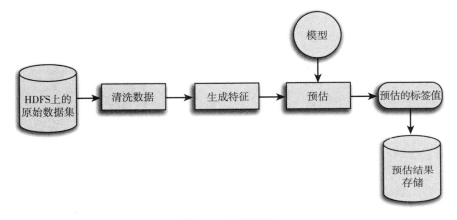

图 8.7　批量预测

首先，我们会经历相同的训练期间的数据清理和特征生成流程，但在这种情况下，没有目标标签值（我们要预测目标值）。然后，从模型存储设施中取出模型，并对数据集中的每个实例进行预测，从而得到标签（用于分类）或值（用于回归）。然后，我们将这些输出存储到预测存储位置以供将来使用。

继续前面预测客户流失的例子，我们可能会为每个客户存储结果（客户流失 / 不流失），然后启动另一个应用程序来查看这些数据并采取一些行动，例如发送给会流失的客户一些特别的优惠。

8.5.3　实时预测

通过实时预测，我们希望预测单个对象（例如一个客户），并是以接近实时（秒）的速度进行预测的，如图 8.8 所示。

通常应用程序通过指定需要预测的对象（例如客户）来启动流程。Kafka 和 Storm 或 Spark Streaming 通常用于触发数据清理和特征生成的处理流程，然后使用学习阶段的模型进行预测。最后，结果（预测标的签或值）被发送回应用程序。

举例来说，考虑一个实时的欺诈检测应用程序，在信用卡交易到达时，这个交易的细节被用来生成特征，然后预测这个交易是否可能是欺诈性的。如果怀疑是欺诈行为，那么应用程序可能会采取阻止事务处理的措施。

近乎实时的流程由于响应时间紧迫而带来了一些挑战（通常需要在一秒钟或更短的时间内响应）。这种约束不仅需要选择一个能够在这个时间范围内进行预测的机器学习算法，而且还需要对特征生成流程进行约束，这需要在相同的时间范围内完成。

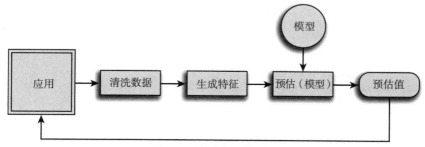

图 8.8　接近实时的预测

8.6　示例：情感分析

Twitter 和其他微博网站一直是消费者信息的来源，这是因为人们倾向于讨论各种问题，并在 Twitter 上发布他们对各种产品和服务的感受、抱怨或称赞。

在本节中，我们将演示如何构建推文的情感分类器。

8.6.1　推文数据集

在这个例子中，我们使用 sentimeht 140 语料库，它包含大约 160 万条推文，每个推文都有以下信息：

❏ 推文的情感极性：0＝否定，2＝中立，4＝正面
❏ 推文的 ID
❏ 推文的日期
❏ 查询词（如果可用）
❏ 推文的用户
❏ 推文的文本

我们还使用了 AFINN 词汇表[⊖]为 2476 个英语单词提供了**情感分数**，以帮助我们的分类器达到更好的准确性。

这个数据集的每一行都是简单的二元行：

❏ 单词
❏ 分数

其中得分是 –5（最负）到 5（最正）之间的整数值。

⊖　http://www2.imm.dtu.dk/pubdb/views/publication_details.php?id=6010。

8.6.2 数据准备

首先，我们使用 shell 脚本将所有数据集加载到 Hive 中：

```
# ingest sentiment140 dataset
curl http://cs.stanford.edu/people/alecmgo/trainingandtestdata.zip >
➥ sentiment.zip
unzip sentiment.zip
hadoop fs -rm sentiment
hadoop fs -mkdir sentiment
hadoop fs -put testdata.manual.2009.06.14.csv
➥ training.1600000.processed.noemoticon.csv sentiment/

# ingest positive/negative word list
hadoop fs -rm wordlist
hadoop fs -mkdir wordlist
hadoop fs -put data/AFINN-111.txt wordlist/
```

然后，使用 Hive 创建两个表格：

❑ tweets——推特数据的主要表格。

❑ sentiment_words——有情感分数的表格。

```
DROP TABLE tweets_raw;
CREATE EXTERNAL TABLE tweets_raw (
  `polarity` int,
  `id` string,
  `date` string,
  `query` string,
  `user` string,
  `text`  string)
ROW FORMAT SERDE 'org.apache.hadoop.hive.serde2.OpenCSVSerde'
STORED AS TEXTFILE
LOCATION '/user/jupyter/sentiment'
tblproperties("skip.header.line.count"="0");

DROP TABLE tweets;
CREATE TABLE tweets STORED AS ORC AS SELECT * FROM tweets_raw;

DROP TABLE sentiment_words;
CREATE EXTERNAL TABLE sentiment_words (
  `word` string,
  `score` int)
ROW FORMAT DELIMITED
FIELDS TERMINATED BY '\t'
STORED AS TEXTFILE
LOCATION '/user/jupyter/wordlist/';
```

请注意，我们首先将推文作为外部 Hive 表导入，然后将其重新转换为 ORC 表以提高存储性能。对于 sentiment_words 表，我们将其转为 ORC 格式，因为此表很小。

8.6.3 特征生成

现在我们已经将数据集方便地存储为 Hive 表，下面使用 Spark 的 DataFrame API 为模型生成一个特征矩阵。

将每条推文表示如下：

❑ 基于 TF-IDF 的推文文本中的单词向量。

❑ 基于情绪词汇表的积极和消极情绪评分。

❑ 时间特征，包括月份、星期几和每日时间。

我们使用 Spark 来生成特征，同样可以使用 Hive 或 Pig 进行这种类型的处理。

首先，我们创建一个 SparkContext 和一个 HiveContext：

```
# Set up Spark Context
from pyspark import SparkContext, SparkConf
SparkContext.setSystemProperty('spark.executor.memory', '8g')
conf = SparkConf()
conf.set('spark.executor.instances', 8)
# 400MB for broadcast join
conf.set('spark.sql.autoBroadcastJoinThreshold', 400*1024*1024)
sc = SparkContext('yarn-client', 'ch8-demo', conf=conf)
# Setup HiveContext
from pyspark.sql import HiveContext
hc = HiveContext(sc)
```

现在我们创建一些 PySpark UDF 用于特征生成查询。第一个，即 tokenize()，对文本执行所有的繁重工作。

❑ 用单个空格字符替换所有空格

❑ 将文本拆分为单词，并使所有内容都为小写

❑ 将长度少于两个字符的单词或以 "@" 开头的单词（通常是 Twitter 中的用户名）都删除

❑ 用单词 "URL" 替换每个 URL（以 http 开头）。在这里假设，我们 URL 中的文本本身并不意味着情绪，因此可以删除许多不必要的特征

❑ 删除单词中的所有标点符号

❑ 生成所有单词的最终列表，以及任何两个词的组合（2-grams）

下面让我们看看一些示例文本的标记化是如何工作的：

```
tokenize("my name is Inigo Montoya; you killed my father; prepare to
➡ die.")

[u'my', u'name', u'is', u'inigo', u'montoya', u'you', u'killed', u'my', u'father',
u'prepare', u'to', u'die', u'my name', u'name is', u'is inigo', u'inigo montoya',
u'montoya you', u'you killed', u'killed my', u'my father', u'father prepare',
u'prepare to', u'to die']
```

tokenize() 的代码是：

```
import re, string
import pyspark.sql.functions as F
from pyspark.sql.types import StringType, ArrayType, FloatType
# Define PySpark UDF to tokenize text into words with various
# other specialized procesing
```

```
punct = re.compile('[%s]' % re.escape(string.punctuation))
def tok_str(text, ngrams=1, minChars=2):
    # change any whitespace to regular space
    text = re.sub(r'\s+', ' ', text)
    # split into tokens and change to lower case
    tokens = map(unicode, text.lower().split(' '))
    # remove short words and usernames
    tokens = filter(lambda x: len(x)>=minChars and x[0]!='@', tokens)
    # repalce any url by the constant word "URL"
    tokens = ["URL" if t[:4]=="http" else t for t in tokens]
    # remove punctuation from tokens
    tokens = [punct.sub('', t) for t in tokens]
    if ngrams==1:
        return tokens
    else:
        return tokens + [' '.join(tokens[i:i+ngrams]) for i in
➥ xrange(len(tokens)-ngrams+1)]
tokenize = F.udf(lambda s: tok_str(unicode(s),ngrams=2), ArrayType(StringType()))
```

我们还定义了另外两个 UDF：pos_score 和 neg_score。给定一组词，这些函数使用 sentiment_words 表中的情感分数计算反映在词语列表中的情感分数（分别为正值和负值）。

```
# load sentiment dictionary
wv = hc.table('sentiment_words').collect()
wordlist = dict([(r.word,r.score) for r in wv])
# Define PySpark UDF to get sentiment score using word-list
def pscore(words):
    scores = filter(lambda x: x>0, [wordlist[t] for t in words if t in
➥ wordlist])
    return 0.0 if len(scores)==0 else (float(sum(scores))/len(scores))
pos_score = F.udf(lambda w: pscore(w), FloatType())
def nscore(words):
    scores = filter(lambda x: x<0, [wordlist[t] for t in words if t in
➥ wordlist])
    return 0.0 if len(scores)==0 else (float(sum(scores))/len(scores))
neg_score = F.udf(lambda w: nscore(w), FloatType())
```

现在已经准备好了 UDF，让我们看一下生成特征矩阵的 Spark SQL 代码：

```
tw1 = hc.sql("""
SELECT text, query, polarity, date,
    regexp_extract(date, '([0-9]{2}):([0-9]{2}):([0-9]{2})', 1) as hour,
    regexp_extract(date, '(Sun|Mon|Tue|Wed|Thu|Fri|Sat)', 1) as dayofweek,
    regexp_extract(date,
    '(Jan|Feb|Mar|Apr|May|Jun|Jul|Aug|Sep|Oct|Nov|Dec)', 1) as month
FROM tweets
""")
tw2 = tw1.filter("polarity != 2").withColumn('words', tokenize(tw1['text']))
tw3 = (tw2.select("user", "hour", "dayofweek", "month", "words",
    F.when(tw2.polarity == 4, "Pos").otherwise("Neg").alias("sentiment"),
    pos_score(tw2["words"]).alias("pscore"),
    neg_score(tw2["words"]).alias("nscore")))
tw3.registerTempTable("fm")
```

我们将得到的特征矩阵存储在名为 "fm" 的 Spark SQL 临时表中。

从代码中可以看出，首先使用 SQL 查询来提取我们需要的字段，同时使用正则表达式为小时、星期几和月份创建新字段。

然后，筛选出具有中立情感的推文（在数据集中只有 39 个推文），并使用 tokenize() 这个 UDF 将文本转换为单词。

最后，我们创建包含所有特征的最终特征矩阵：小时、月、星期、单词、pscore 和 nscore。我们将"极性"（polarity）字段转换为具有两个可能值的文本替换：Pos 或 Neg。

8.6.4   建立一个分类器

下面介绍如何训练一个分类器。我们使用 Spark 的 ML 管道 API 来构建一个转换管道：

```python
from pyspark.ml.classification import RandomForestClassifier
from pyspark.ml.feature import StringIndexer, VectorAssembler, IDF,
➥ RegexTokenizer, HashingTF
from pyspark.ml import Pipeline

# paramaters for modeling
numFeatures = 5000
minDocFreq = 50
numTrees = 1000

# Build Machine Learning pipeline
inx1 = StringIndexer(inputCol="hour", outputCol="hour-inx")
inx2 = StringIndexer(inputCol="month", outputCol="month-inx")
inx3 = StringIndexer(inputCol="dayofweek", outputCol="dow-inx")
inx4 = StringIndexer(inputCol="sentiment", outputCol="label")
hashingTF = HashingTF(numFeatures=numFeatures, inputCol="words",
➥ outputCol="hash-tf")
idf = IDF(minDocFreq=minDocFreq, inputCol="hash-tf",
➥ outputCol="hash-tfidf")
va = VectorAssembler(inputCols =["hour-inx", "month-inx", "dow-inx",
➥ "hash-tfidf", "pscore", "nscore"], outputCol="features")
rf = RandomForestClassifier(numTrees=numTrees, maxDepth=4, maxBins=32,
➥ labelCol="label", seed=42)
p = Pipeline(stages=[inx1, inx2, inx3, inx4, hashingTF, idf, va, rf])
```

StringIndexer 实例将字符串变量转换为分类变量。 HashingTF 和 IDF 在每条推文的单词列表上计算 TF-IDF。 VectorAssembler 将所有的特征组合成一个特征向量。 RandomForestClassifier 是使用随机森林算法的最后一个训练阶段。

我们在训练和测试时使用 70/30 的比例，然后训练模型：

```python
(trainSet, testSet) = hc.table("fm").randomSplit([0.7, 0.3])
trainData = trainSet.cache()
testData = testSet.cache()
model = p.fit(trainData)                    # Train the model on training data
```

最后，我们定义一个函数来评估精确度、召回率和准确性：

```python
def eval_metrics(lap):
    tp = float(len(lap[(lap['label']==1) & (lap['prediction']==1)]))
    tn = float(len(lap[(lap['label']==0) & (lap['prediction']==0)]))
```

```
fp = float(len(lap[(lap['label']==0) & (lap['prediction']==1)]))
fn = float(len(lap[(lap['label']==1) & (lap['prediction']==0)]))
precision = tp / (tp+fp)
recall = tp / (tp+fn)
accuracy = (tp+tn) / (tp+tn+fp+fn)
return {'precision': precision, 'recall': recall, 'accuracy': accuracy}
```

然后，我们测量算法在测试集上的性能：

```
# Predict using test data
results = model.transform(testData)
lap = results.select("label", "prediction").toPandas()
m = eval_metrics(lap)
print m

{'recall': 0.6895734004601074, 'precision': 0.7560832948724393,
➥ 'accuracy': 0.733644830610336}
```

尽管这是一个相对简单的例子，但结果令人欣喜，其中精确度为 68%，召回率为 75%，总体准确率为 73.3%。

在多台机器上并行计算的能力，以及 Spark 有效的内存分布式随机森林实现，使我们能够使用大量的 n-gram 来大规模运行此过程，而没有明显的限制。

8.7 小结

在本章中：

❑ 了解了什么是分类，以及如何使用精确度和召回率等指标以及 ROC 曲线下的面积（AUC）来衡量其表现。

❑ 了解了回归是什么以及如何用平均绝对误差（MAE）和均方根误差（RMSE）来衡量其性能。

❑ 了解了交叉验证、模型调整以及 Hadoop 并行处理功能在此过程中如何提供帮助。

❑ 知晓了可用于监督学习的各种算法，如决策树、神经网络、广义线性模型和随机森林。

❑ 了解了如何构建用于监督式学习支持模型训练，以及批量或实时预测的大数据架构。

❑ 了解了如何使用 Hadoop 和 Spark 构建分布式分类模型，来对推文进行情感分析。

第 9 章

聚　　类

在所有的混乱中都有一个宇宙，在所有的无序中都有一个秘密的秩序。

——Carl Jung

本章将介绍：
- ❑ 聚类概述
- ❑ 聚类的使用
- ❑ 相似度量的重要性
- ❑ 聚类算法
- ❑ 评估聚类
- ❑ 用大数据进行聚类
- ❑ 示例：新闻的主题建模

在前面的章节中几次提到了聚类。在本章中，我们提供了更详细的聚类说明。首先从聚类的概述开始，描述聚类在数据科学中使用的各种方法，然后描述相似性度量对于聚类的重要性、一些常见的聚类算法以及如何评估聚类输出。最后描述如何将聚类算法应用于大数据。

9.1　聚类概述

在聚类（也称为"聚类分析"）中，最常见的类型是无监督的算法，学习过程中只有待观测的输入数据集。与分类或回归不同，聚类不需要标签或目标变量；相反，它试图将这些观测的自然分组分为簇（彼此相似的观测组）。

给定一个观测的输入数据集，每个观测由一个特征向量表示，我们定义任意两个观测值 A 和 B 之间的相似函数 $f(A, B)$。然后，一个聚类算法描述输入特征矩阵、相似度函数 f 和期望的簇的数量（通常由 K 表示）并且将观测分割成簇的多个部分。

例如，考虑一个食品零售商想要在其客户群中识别自然行为聚类。一个简单的模型可以通过一个特征向量来表示每个客户，使得每个特征对应于他们已经购买给定项目的次数，如表 9.1 所示。

表 9.1　客户细分的特征矩阵示例

CustID	Apples	Pears	Cheese	Meat	Chicken	Yogurt	Chips
0	2	5	0	0	0	0	0
1	0	1	3	0	2	4	5
2	0	1	12	3	5	12	9
3	5	7	8	1	3	7	3
4	...	...	...	...	...	...	...

给定一定的期望值 K，然后算法试图将顾客一起分到 K 个集群中，使得同一个集群中的每一对顾客的行为类似于他们的购买行为（他们购买的每种类型商品的数量）。

9.2　聚类的使用

数据科学中的聚类有三个主要用途：探索性分析、特征精减的预处理和异常检测⊖。

聚类最常见的用途是探索性分析。这里的目标是从数据中发现一些新的或以前未知的见解。例如，可以使用聚类来发现以前未知的某些疾病类别、将客户细分为某些类似行为的群体或将文档聚类为多个主题。

聚类通常用作端到端数据处理链中的自动预处理这一步。例如，我们可能希望在构建推荐系统之前将各个产品划分到产品系列中。在这种情况下，聚类的目的是提高系统的整体性能，这通常可以通过系统的整体性能（例如与推荐系统相关的销售量总体提高）来量化。

为了与异常检测或离群点检测一起使用，我们首先对观测结果进行聚类，然后根据它们与聚类中心的距离，使用这些聚类来计算每个观测的异常分数。离集群中心越远，观察被认为越反常。

9.3　设计相似性度量

一个好的相似性度量的设计是聚类分析的基础，而且在大多数情况下，对聚类分析成功与否至关重要。对于"我的问题最适合哪种相似性测量"通常没有明确的答案，这就是为什么聚类通常被认为一半是科学、一半是艺术。

在大多数情况下，相似性度量是在 N 维点对之间计算的，对于大型数据集，在单个计算节点上计算可能需要很长时间。幸运的是，计算每对点的相似性度量是完全独立于其他对的，因此可以使用 Hadoop 与 Pig、Hive 或 Spark 轻松进行并行计算。

⊖　有关异常检测的内容将在第 10 章中进行详细讨论。

下面来回顾几种常用的相似性方法。

9.3.1　距离函数

衡量相似性的一种常见方法是使用距离度量。在这种情况下，相似度在某种意义上是距离度量的倒数。

如果你的特征向量是数值型的，常见的选择是两个数值向量之间的闵可夫斯基距离（Minkowski distance），定义如下：

$$d(A, B) = \sqrt[g]{\sum_{i=1}^{n} |A_i - B_i|^g}$$

两个知名的闵可夫斯基距离的版本是：欧几里得距离（$g=2$）和曼哈顿（或出租车）距离（$g=1$）。这个距离度量已经被广泛研究，并且非常适合数值属性。由于使用闵可夫斯基距离，各个特征的度量单位可以显著地影响相似性输出，所以推荐对数据进行归一化（即使得向量的长度为 1）。

对于二元特征向量，距离度量通常使用一个列联表来计算。让我们定义下面的变量：

R 为其中 $A=1$ 且 $B=0$ 的特征的数量

S 为其中 $A=0$ 且 $B=1$ 的特征的数量

Q 为其中 $A=0$ 且 $B=0$ 的特征的数量

T 为其中 $A=1$ 和 $B=1$ 的特征的数量

那么距离计算如下：

$$d(A, B) = (R+S)/(R+S+Q+T)$$

这确实衡量了不同特征（1/0 或 0/1）的百分比，它也被称为海明距离（Hamming distance）。

在阳性结果（$A=1$ 或 $B=1$）比阴性结果更重要的情况下，该度量的更好的变体是：

$$d(A, B) = (R+S)/(R+S+Q)$$

这也被称为 Jaccard 系数。对于类别（也称为标准）特征，距离度量的常见选择是：

$$d(A, B) = (n-m)/n$$

其中 n 是矢量的大小（特征的数量），m 是 A 值与 B 值匹配位置的数量。

对于序数特征，通常在将值映射到 [0-1] 范围之后使用 Minkowski 距离。

如果我们的特征值是混合类型（数值、二元、分类等），那么可以通过结合上面提到的所有方法来简单地计算距离，每个方法应用于特征向量中的适当部分。

9.3.2　相似函数

与反向距离度量不同的是，许多度量标准直接测量相似性。当 A 与 B 相似时，这些函数具有较大的值，当两个向量相同时，这些函数具有最大值。在某些情况下，相似度仅在 [0, …, 1] 范围内，但这不是强制性的。

当两个向量之间的角度是相似性的有意义度量时，余弦相似度是一个有用的度量，它被定义为：

$$s\_cos(A, B) = \frac{\sum\limits_{i=1}^{n} A_i B_i}{\sum\limits_{i=1}^{n} A_i^2 \cdot \sum\limits_{i=1}^{n} B_i^2}$$

这基本上对应于向量之间的归一化点积。类似的相似性度量是标准化的 Pearson 相关性，它被定义为：

$$s\_pearson(A, B) = \frac{\sum\limits_{i=1}^{n} (A_i - \mu_i)(B_i - \mu_i)}{\sum\limits_{i=1}^{n} (A_i - \mu_i) \cdot \sum\limits_{i=1}^{n} (B_i - \mu_i)}$$

其中 μ 表示所有矢量的平均值。

9.4   聚类算法

现在有很多可用的聚类算法。对所有这些算法的详细介绍超出了本书的范围。这里只重点介绍各种高层次的聚类方法，并提及每个类别中的一些主要方法。

❑ **基于划分**——将对象划分为 K 个集群，并用一些启发式度量来评估这些集群的质量。k 均值和 PAM 是基于划分的聚类算法。

❑ **基于分层**——通过以每个对象的集群开始并递归地组合每个步骤中最接近的两个集群来构建。类似地，自顶向下方法将从单个集群开始，并且在每个步骤递归地将其中一个集群分成两个集群。CURE 是一个层次聚类算法。

❑ **基于密度**——通过查看某个邻域内的点密度来构建集群。DBSCAN、OPTICS 和 CLIQUE 是基于密度的聚类算法。

❑ **基于网格**——使用单个均匀的网格，将整个数据空间分为单元格，数据对象与单元格相关联。然后使用单元而不是原始数据点执行聚类，从而使大数据集的性能更佳。CLIQUE 是一个基于网格的聚类算法。

❑ **基于模型**——假设数据是从 K 个概率分布生成的，通过使用 EM（估计 / 最大化）方法估计从每个这样的分布产生的点的可能性来构建聚类。

❑ **基于图**——使用一些相似性函数，我们将每个数据点表示为图中的一个节点，并且如果点的相似度高于某个阈值，则绘制每对节点之间的（无向）边。然后我们将图算法应用于相似度图的聚类。光谱聚类是一种基于图形的算法。

聚类算法的另一种考虑是硬聚类和软聚类。对于硬聚类，任何观测数据点只可能属于一个集群，而软聚类则允许一个对象属于多个集群，例如，在将文档分类为主题时，允许给定的文档与多个主题相关联通常是有用的。

9.5 示例：聚类算法

k 均值聚类和 LDA(Latent Dirichlet Allocation) 是实际应用中最常见的两种聚类算法。我们现在来更详细地描述这些算法。

9.5.1 k 均值聚类

起源于信号处理领域（用于矢量量化），k 均值聚类旨在最小化群内平方和误差（SSE）：

$$\mathop{argmin}\limits_{s} \sum_{i=1}^{K} \sum_{x=S_i} \|x - \mu_i\|^{^2}$$

其中 $x = \{x_1, x_2, \cdots, x_n\}$ 是表示 n 个对象的输入向量的集合，$S = \{S_1, S_2, \cdots, S_K\}$ 表示结果聚类，μ_i 表示第 i 个聚类中观测的平均值（或质心）。

k 均值聚类以欧氏距离作为相似性度量。它从每个集群的一组初始质心开始按如下方法进行迭代，直到收敛：

1. 对于每个集群，将每个点与质心最接近此点的集群相关联。

2. 在第 1 步中，重新计算集群质心作为与此集群相关的所有点的平均值。

k 均值在 Hadoop 环境中相对容易实现，因为上述两个步骤往往并行执行。在第 1 步中，一个点与其集群中心的关联完全独立于另一个点上的同一关联，因此这容易并行化。对于第 2 步，需要在大量点上计算新质心，但在分布式环境中使用现有抽象（例如 groupBy 和 aggregate）计算也相对容易。

在两个维度中，聚类结果可能如图 9.1 所示。

k 均值的最简单版本使用集群重心的随机初始化。尽管它在许多实际情况下运作良好，但不能保证收敛到最佳状态。

最近一种叫作"k-means++"的方法使用了一个更智能的初始化程序，以确保更快的收敛速度以及提高出现更好解决方案（更接近全局最小值）的可能性。

其他重要的 k 均值变体包括以下内容：

❏ k-medians 是 k 均值的变体，其使用曼哈顿距离作为度量来最小化，而不是点和集群质心之间的欧几里得距离。

❏ k-medoids（也被称为 PAM，Partition Around Medoids），这是一个使用通用距离度量的变体。

9.5.2 LDA

LDA [⊖]（Latent Dirichlet Allocation）可以说是最流行的主题建模技术。LDA 分析一系列文档并自动将文档组织成主题（文档集群）。因此它是文本文档的一种聚类形式。

从统计的角度来看，LDA 假设每个文档都被表示为（未知）主题的混合体。具体而言，

⊖ http://www.jmlr.org/papers/volume3/blei03a/blei03a.pdf（英文原书链接失效，修改成此链接）。——译者注

LDA 假定集合中的每个文档都按以下方式生成：

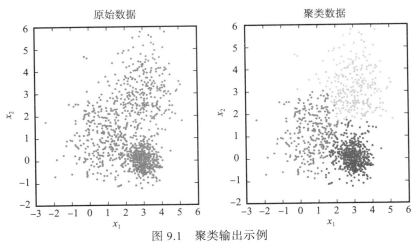

图 9.1   聚类输出示例

1. 确定文件中的字数 N。

2. 使用 Dirichlet 分布选择文档的主题组合（例如，20％主题 A、50％主题 B、30％主题 C）。

3. 按如下方式生成每个单词：

　　a. 用概率混合分布概率地选择一个主题 T。

　　b. 根据选择的主题 T 中的单词分布选择一个单词。

这种生成模式强调文件包含多个主题，这通常是真实的。例如，有关外交政策的文件可能会有来自“政治”话题的文字和来自“外国”话题的文字。

LDA 的目标是自动发现文档集合中的主题，因此需要揭示每个文档的主题分布和每个主题内的词汇分布。

在实践中，LDA 工作得非常好，是主题建模最常用的技术之一。许多常见的 ML 库中都实现了 LDA。

在分布式环境中，Spark MLlib 具有强大的 LDA 实现，它在 Hadoop 环境中的大型数据集上运行良好。我们将在本章后面的例子中介绍使用 Spark MLlib 实现 LDA 的例子。

9.6   评估聚类和选择集群数量

评估一个给定的聚类结果是好是坏难上加难。事实上，很多人认为没有什么原则可以做到这一点，评估主要取决于视角。

一个通用标准是平方误差的总和（SSE，k 均值最小化的相同度量），SSE 衡量所有聚类中的集群内相似性平均，并且最适合于集群是球形且彼此很好地分离的情况。

评估聚类方案的另一种方式是具有预定的分类集并测量聚类算法与该数据集相匹配的程度。更具体地说，通常使用诸如互信息或精确度 – 召回 F1 度量的度量。

在实践中，学科专家（Subject Matter Experts，SME）通常可以提供对集群质量的进一步了解，并根据其专业知识评估结果。使用学科专家观点，当然不是自动化的，但是在执行聚类分析的早期阶段通常是很有益的。

大多数聚类算法的另一个挑战是如何选择 K，即所需聚类的数量。

选择 K 的简单策略是在一定范围的可能 K 值上运行聚类算法，在每种情况下使用 SSE 评估聚类结果，然后选择提供 SSE 最低值的 K。商业环境经常为 K 的可能值提供一个很好的指导。

例如，考虑一个市场部门想要对客户进行细分，并使用所得到的细分来决定发送哪个版本的电子邮件。营销专家往往有一些先入为主的合理集群概念和某个集群有多少人，这可以有效地用来限制我们应该尝试的 K 的范围。同样的，营销专家也可以帮助评估算法产生的实际集群及其质量。

9.7 构建大数据集群解决方案

现在我们理解了聚类算法，下面看看端到端的解决方案架构。

集群系统的流程通常如图 9.2 所示。

在实现这个过程中，在这个图的各个组成部分的选择上有一定的自由度。但是，不难发现，主要的主题是有两个单独的数据流：批量和实时流。

流式传输组件旨在将数据点通过网络到达时进行聚类。这些数据通常保存在一个分布式队列中，如 Apache Kafka，可以提供一些背压支持。这个评分函数应该使用最初训练的模型，并定期重新训练。流式组件的合理选择的例子是 Apache Storm 或 Apache Spark 流式传输。

批处理组件必须能够创建模型，所以选择可能会有所限制。它通常有两种可能性：

1. 使用 Pig 脚本、Hive 查询、MapReduce 作业或 Spark 作业对输入数据进行采样，并进行数据准备和特征提取。然后在这个采样数据上使用一个小数据分析工具（如 scikit-learn 或 R）来创建模型并将其保存到 HDFS。根据聚类模型，这可以像每个聚类的质心一样简单，如在 k 均值聚类的情况下，或者在 LDA 的情况下包含基础数据分布统计的更复杂模型。

2. 使用 Apache Spark 的 MLlib 或 Apache Mahout 在单个环境中执行数据选择、特征提取和模型创建。

随着像 MLlib 和 Mahout 这样的大数据函数库变得越来越强大，并且获得越来越多的功能，上述第二个选项变得更加可行和实用。这有很多好处，其中主要的是可以使用所有的数据以及进行大规模的建模。这就是说，因为不能对数据提供更好的技术支持，仍然会看到用户不时选择第一个选项。

在我们使用所有数据的情况下，数据选择阶段可能看起来很奇怪，但对于季节性模型，则需要限制用于创建聚类模型的训练数据。

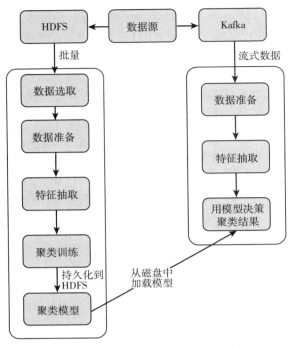

图 9.2 聚类算法的大数据体系结构

但是，不难看出，两个流程的特征提取和数据准备是一致的。事实上，如果这两步发生变化，那么必须注意不要使用这个聚类模型，因为其聚类模型产生于不同类型的数据准备或特征向量表示。这里的准备工作是依赖于数据的，如 LDA 的例子：提取词干、去除最高频词。

Hadoop 正在协调集群边界内的这两个组件，这有利于充分利用集群并使用 Hadoop 的扩展功能。而且，到目前为止，Hadoop 内部的工具已经变得更加强大和智能。特别是 Spark 的 MLlib 库在这方面已经获得了很多的关注。MLlib 具有非常强大的 k 均值实现 kmeans 2，kmeans 2 具有现代优化能力，可以有效地将潜在中心初始化接近最优解。此外，正如下面的例子所示，LDA 面向 NLP 的主题建模实现，也通过深思熟虑的成熟实现得到了支持。

9.8 示例：使用 LDA 进行主题建模

OHSUMED 数据集是来自 MEDLINE（在线医学信息数据库）的 348 566 篇参考文献，其中包括来自 270 种为期五年（1987 年～1991 年）的医学期刊的标题和 / 或摘要。

对于这个例子，我们正在使用这个数据集的一个子集，包含 56 984 个文档，并将 LDA 应用于主题建模。

数据摄取

我们从其中一个镜像下载 OHSUMED 数据集，并将其载入 HDFS：

```
$ wget http://disi.unitn.it/moschitti/corpora/ohsumed-all-docs.tar.gz
$ tar -zxvf ohsumed-all-docs.tar.gz
$ hdfs dfs -mkdir ohsumed
$ hdfs dfs -put ohsumed-all/* ohsumed/
$ rm -rf ohsumed-all
$ rm ohsumed-all-docs.tar.gz
```

9.8.1　特征生成

首先，我们从 HDFS 中读取语料库中的每个文档并对其进行标记。

使用 Apache OpenNLP 来进行标记（将句子分成单词）和拦截（将每个单词缩减为基本形式，例如"pens"——>"pen"）。由于 OpenNLP 是一个单独的包，必须使用 sc.addJar 命令将其添加到 Spark。

```
import org.apache.spark.rdd._
import collection.JavaConversions._
import opennlp.tools.tokenize.SimpleTokenizer
import opennlp.tools.stemmer.PorterStemmer

sc.addJar("/home/jupyter/notebooks/jars/opennlp-tools-1.6.0.jar")

// Load documents from text files, 1 element (text string) per file
val corpus = sc.wholeTextFiles("/user/jupyter/ohsumed/C*", 20).map(x =>
➡ x._2)

// read stop words from file
val stopwordFile = "/user/jupyter/stop-words.txt"
val st_words = sc.textFile(stopwordFile).collect()
➡ .flatMap(_.stripMargin.split("\\s+")).map(_.toLowerCase).toSet
val stopwords = sc.broadcast(st_words)
val minWordLength = 3
val tokenized: RDD[(Long, Array[String])] = corpus.zipWithIndex().map { case
(text,id) =>
    val tokenizer = SimpleTokenizer.INSTANCE
    val stemmer = new PorterStemmer()
    val tokens = tokenizer.tokenize(text)
    val words = tokens.filter(w => (w.length >= minWordLength) &&
    (!stopwords.value.contains(w))).map(w => stemmer.stem(w))
    id -> words
}.filter(_._2.length > 0)

tokenized.cache()
val numDocs = tokenized.count()
```

读完所有文档和停用词表（存储为 Spark 广播变量）后，我们使用 Spark 来标记每个句子并返回一个单词列表。我们过滤出这样的词：

❑ 长度小于三个字符

❑ 包含在停用词表中

最后，过滤掉没有文字的空文本字段，并缓存标记过的 RDD 结果。

对于大量的文件，限制单词的词汇并保留最常用的单词通常是有用的。接下来：

```
val wordCounts: RDD[(String,Long)] = tokenized.flatMap {
  case (_,tokens) => tokens.map(_ -> 1L)
}.reduceByKey(_ + _)
wordCounts.cache()
val fullVocabSize = wordCounts.count()
val vSize = 10000
val (vocab: Map[String, Int], selectedTokenCount: Long) = {
    val sortedWC: Array[(String,Long)] = {wordCounts.sortBy(_._2,
➥ ascending=false) .take(vSize)}
    (sortedWC.map(_._1).zipWithIndex.toMap, sortedWC.map(_._2).sum)
}
```

既然限制了词汇表，我们继续用 TF-IDF 编码将每个文档表示为特征向量（每个特征对应于词汇表中的一个词）：

```
import org.apache.spark.mllib.linalg.{Vector, SparseVector, Vectors}
import org.apache.spark.mllib.feature.IDF
val documents = tokenized.map { case (id, tokens) =>
// Filter tokens by vocabulary, and
// create word count vector representation of document.
    val wc = new mutable.HashMap[Int, Int]()
    tokens.foreach { term =>
        if (vocab.contains(term)) {
          val termIndex = vocab(term)
          wc(termIndex) = wc.getOrElse(termIndex, 0) + 1
        }
    }
    val indices = wc.keys.toArray.sorted
    val values = indices.map(i => wc(i).toDouble)
    val sb = Vectors.sparse(vocab.size, indices, values)
    (id, sb)
}

val vocabArray = new Array[String](vocab.size)
vocab.foreach { case (term, i) => vocabArray(i) = term }

val tf = documents.map { case (id, vec) => vec }.cache()
val idfVals = new IDF().fit(tf).idf.toArray
val tfidfDocs: RDD[(Long, Vector)] = documents.map { case (id, vec) =>
    val indices = vec.asInstanceOf[SparseVector].indices
    val counts = new mutable.HashMap[Int, Double]()
    for (idx <- indices) {
        counts(idx) = vec(idx) * idfVals(idx)
    }
    (id, Vectors.sparse(vocab.size, counts.toSeq))
}
```

生成的 RDD（tfidfDocs）是包含 (id,vec) 对的 RDD，其中 id 是文档的唯一 ID，vec 是表示文档的 TFIDF 特征的稀疏矢量。

9.8.2 运行 LDA

我们现在准备运行 LDA。要求 MLlib 运行 50 次迭代，并发现数据集中的 5 个主题：

```
import scala.collection.mutable
import org.apache.spark.mllib.clustering.{OnlineLDAOptimizer,
➥ DistributedLDAModel, LDA}
import org.apache.spark.mllib.linalg.{Vector, Vectors}

val numTopics = 5
val numIterations = 50
val lda = new LDA().setK(numTopics).setMaxIterations(numIterations).
➥ setOptimizer("online")
val ldaModel = lda.run(tfidfDocs)
```

当 LDA 完成时，ldaModel 包含 LDA 发现的模型。我们可以使用下面的代码来打印主题，每个主题用前五个最重要的单词（或双字母组）表示：

```
val topicIndices = ldaModel.describeTopics(maxTermsPerTopic = 5)
topicIndices.foreach { case (terms, termWeights) =>
    println("TOPIC:")
    terms.zip(termWeights).foreach { case (term, weight) =>
        println(s"${vocabArray(term.toInt)}\t$weight")
    }
    println()
}
```

结果汇总到了表 9.2 中。

表 9.2　ldaModel 主题最重要的五个词

	Term 1	Term 2	Term 3	Term 4	Term 5
1	infect	HIV	children	patient	risk
2	tumor	cell	carcinoma	cancer	lesion
3	cell	protein	activ	alpha	antibody
4	injuri	CSF	fractur	patient	laser
5	arteri	pressur	coronari	hypertens	ventricular

正如我们所看到的，表 9.2 中的每一个主题都是按照前五个关键词来描述的，这些关键词通常为主题本身提供了很好的意义。在这方面，我们的主题似乎是：

1. 艾滋病毒（HIV）
2. 癌症
3. 免疫学
4. 脑脊液（脑脊液）相关的伤害
5. 冠状动脉疾病

主题建模的一个共同的挑战是为主题提供单一的解释，例如，我们可以看到，在主题 4 中似乎将几个子主题结合起来了。

9.9　小结

在本章中：

❏ 帮助读者了解了聚类技术，这是一种用于数据预处理（降维）或用于数据挖掘的无监督学习技术，此技术可用于深入了解数据的隐含结构。

❏ 我们介绍了如何为我们的聚类分析建立一个适当的相似性度量，具体来说，就是如何处理连续和分类变量和混合特征集。

❏ 我们审视了聚类的各种方法，包括 k 均值、LDA 和其他常用技术。

❏ 让读者了解了如何评估聚类结果以及选择所需集群数量的难度。

❏ 我们提供了一个如何使用 Hadoop 为大数据构建端到端聚类解决方案的示例，其中包括批处理和实时组件。

第 10 章

Hadoop 异常检测

大自然通过异常来揭示它的秘密。

——Johann Wolfgang von Goethe

本章将介绍：

- ❑ 异常检测概述
- ❑ 数据中的异常类型
- ❑ 异常检测的方法
- ❑ 时间序列数据的异常检测
- ❑ 如何使用 Hadoop 构建异常检测系统
- ❑ 使用网络流量数据进行异常检测的实例

在本章中，我们讨论异常检测（或离群点检测），这个术语是指用于识别数据内异常模式的各种技术。

10.1　概述

异常检测技术旨在识别数据中不符合预期或正常行为的明确概念的模式。在给定一系列观测值的情况下，异常检测技术可识别一个或多个观测值，这些观测值似乎与样本发生的其他样本实例显著偏离。

偏差的确切数学定义不统一，通常特定于领域。大多数情况下，会生成反映集合中每个实例异常程度的异常分数。通过基于分数的算法，使用阈值来确定哪些观测是异常的而哪些不是。

回顾第 5 章的内容，统计异常值检测常常用作单变量的功能预处理步骤——通常称为极值分析。通过从数据的特定变量中去除异常点，让后续的数据挖掘变得更加精确和成功。在本章中，我们将异常检测作为一个纯粹的数据挖掘任务来介绍。

10.2   异常检测的使用

异常检测作为一个独特的数据挖掘任务，在各个行业垂直领域都有很多实际的用例。其用途包括以下内容：

- ❏ 检测欺诈性的信用卡交易
- ❏ 检测欺诈性医疗保健索赔
- ❏ 识别黑客在网络中的活动
- ❏ 识别故障设备（预防性维护）
- ❏ 检测超声心动图（ECG）中的异常心跳模式

业务系统中的异常往往会突出一些需要采取重要行动的事件。例如，在信用卡交易的欺诈检测中，目标是找到一些异常的购买模式，这可能表明欺诈者正在使用丢失或被盗的信用卡。一旦确定，这种可疑的交易可以被暂停或取消。在网络安全方面，异常流量模式可能表明计算机系统被黑客入侵，就可促进进一步的调查和行动，以制止黑客的活动。

通常，异常的构成是依赖于上下文的；例如，在欺诈检测中，100 美元的购买对某个人来说可能是异常的，而对于另一个人来说则是完全正常的。同样，对于给定的网络，某些网络流量模式可能是正常的，而对另一种网络流量模式则可能是异常的。

10.3   数据中的异常类型

数据集中的数据点通常分为点异常和集体异常。

点异常（也称为全局异常）是指相对于其他数据来说是异常的数据点。在图 10.1 中，右上角的数据点可能是异常数据。如果一个点异常只在某个上下文中被认为是异常的，那么它通常被称为上下文异常（也称为条件异常）。例如，对于喷气发动机的一组温度输出，其中大多数点在正常温度读数的固定范围内，而异常点则是极端温度值（低或高）。

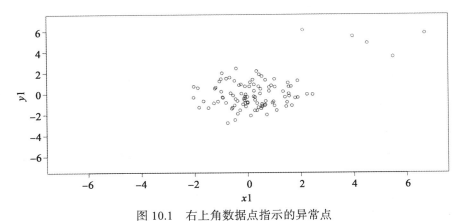

图 10.1   右上角数据点指示的异常点

集体异常（通常称为序列异常）是一组这样的数据点：单独看可能是正常的，但放在一起则被认为是异常的。如图 10.2 所示，在位置（$x=4$，$y=2$）周围分组的数据点是一个集体异常。例如，人的心电图输出可能包含集体异常，因为低值可能存在于异常长的时间。低值本身并不是一个异常值，但是长时间的连续发生是异常行为的表现。

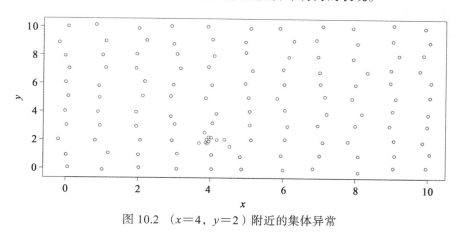

图 10.2　（$x=4$，$y=2$）附近的集体异常

10.4　异常检测的方法

异常检测的方法有很多，通常可以分为以下几类：基于规则的、无监督学习、监督学习或半监督学习。

10.4.1　基于规则方法

一些最早和最简单的异常检测技术都使用规则，即对于每种已知类型的异常，我们编写一个规则来识别这个异常。

继续喷气机引擎的例子，规则可能是这样的：

规则：如果温度 > X 或温度 <Y 则提示"异常温度"

基于规则的检测通常基于专家或者领域专业知识和对数据的特定经验。有时会使用更多的自动化技术，如决策树或频繁项分析，来指导专家完成最细微的规则。

虽然基于规则的异常检测系统相对容易理解和发展，但由于刚性和静态性，它们往往（像很多其他基于规则的系统一样）难以维护和改进。

10.4.2　有监督学习方法

在正（正常）和负（异常）示例的标记数据集可用的情况下，分类器通常由两个类构建：正常的和异常的（多种类别的正常和异常也是可能的）。

如果我们的输入是时间序列（例如温度值随时间的变化），通常需要将数据从时间序列转换成与监督式学习兼容的形式，即一个特征矩阵。常用的方法是定义一个特定的回溯窗口，并根据对应事件在窗口上定义的时间序列子集而定义各种特征。有时可以在频率空间中生成更好的特征，在这种情况下可以使用诸如 FFT、DCT 或小波变换的技术。

让我们以喷气发动机传感器数据继续下面的例子；考虑建立一个基于温度值异常检测的超级模型。我们可能会在过去的 10s、30s 和 60s 内查看所有的读数；从每个这样的子序列中可以生成各种聚合值，例如：

❑ 平均值和中值

❑ 在时间窗口上值的变化

❑ 最小值和最大值

❑ 时间序列导数的最小值和最大值

有了这些特征，我们现在可以构建异常检测的监督学习模型了。

如果两个类别有足够的数据可用，监督学习对于异常检测非常有效，并且通常可以比无监督学习或静态规则获得更好的准确性。它也比静态规则更加灵活，能够适应快速变化的环境。

不幸的是，在许多实际情况下，足够训练样本（特别是异常类）的缺乏和类分布的不平衡（正常比异常多太多的情况），给这个方法的实践带来了很大的障碍。

10.4.3 无监督学习方法

一个好的异常检测训练集通常要么不可用，要么太小。在这些情况下，即使没有训练集，无监督学习也可能取得良好效果。

点异常的统计鉴定

通常对单值（单变量）时间序列数据执行的简单且常见的异常分析形式通过计算 Z 分数来执行：

$$Z_i = (x_i - \tilde{x})/sd$$

其中 x_i 是变量的值，$\tilde{x}$ 是平均值，sd 是标准偏差。一般来说，Z 值为 3 或更大（与平均值相差 3 个标准差）的每个数据点都被认为是异常的。

这种方法面临的一个挑战是数据集中存在许多异常值可能对平均值和标准偏差有很大的影响。对异常值更强健的替代方法称为中值绝对偏差（MAD）。用 MAD 计算一个修改后的 Z 值，其中用中位数代替平均值，用中值绝对偏差代替标准偏差，如下所示。首先计算

$$MAD = 1.4826 * median(|x_i - \check{x}|)$$

其中 $\check{x}$ 是样本中位数。然后修改后的 Z 分数是：

$$ZMAD_i = (x_i - \check{x})/MAD$$

通常，用 $|ZMAD_i| > 3.5$ 表示一个数据点是一个异常。

如果所分析的数据遵循一些已知的分布或一些分布族，统计异常值分析是非常有效的。即使没有这些假设，通常这些技术，特别是像 MAD 这样强大的技术也会表现出令人吃惊的效果。

当你的数据是多维的而不是单变量的时候，点异常检测的方法变得更加消耗计算资源，并且在数学上更复杂（例如使用下面描述的聚类算法）。

无监督检测序列异常

另一类无监督学习包括通常称为基于预测的技术，它使用众所周知的诸如移动平均（MA）、自回归（AR）或自回归积分滑动平均（ARIMA）时间序列模型将时间序列数据建模为随机过程。

这一系列技术经常用于预测时间序列数据集，如销售量或收入。应用于异常检测，给出一个值 V_t，用户可以用这样的模型来预测价值 $\tilde{V_t}$，并基于实际值（V_t）与预测值（$\tilde{V_t}$）之间的差值分配一个异常分数。

多元数据集聚类异常检测

对于一些使用案例，数据不是以单个可变时间序列的形式出现，而是以无序的（通常是多变量的）数据点集合的形式出现。一个常见的方法是在这种情况下使用聚类，其中点被分组为不同聚类，并且离它们所属聚类的中心（或数据集中的任何聚类）最远的点被认为是异常的。此外，离中心的距离可以被用来作为一个异常分数。

与任何聚类算法一样，需要为异常检测定义相似性的概念，推荐读者再次阅读第 9 章，以便对相似性度量加深理解。

尽管 k 均值聚类在聚类中非常流行，但其对异常值非常敏感，这在异常检测场景中是个问题。

用于异常检测的一种常用替代方法是 k-medoids（也称为 Partition Around Medoids 或 PAM），这对离群点来说更加稳健，并且适用于异常检测。k-medoids 算法的工作方式与 k 均值相似，两者只有一个显著差异：每个集群的中心被选为该集群的中间体（medoid 是一个单一的数据点，在该集群中与其他点的平均距离最小），而不是平均值。

另一个无监督的方法是 k 近邻方法。给定观察值 X，我们计算 X 的某个邻域中（通常定义为该点附近的某个半径）的点数。如果附近的点数低于某个阈值，则认为这个点是异常的。

局部离群因子是无监督异常检测的另一种常用算法，它基于局部密度的概念（类似于使用 DBSCAN 进行聚类），与其近邻相比，异常值被认为是密度相对较低的点。

10.4.4　半监督学习方法

半监督学习的异常检测方法从训练集中建立一个模型，该训练集中仅包括被称为正常点的例子；它得到正常类周围的一个边界，并把其他东西归类为一个异常。因此，在训练集中不需要异常的例子。

支持向量机（SVM）是这一类的常用算法。它使用支持向量机从正面示例中学习，并将数据点归类为与训练集相似或不同。

10.5　调整异常检测系统

在大多数实际的异常检测实施中，一个重要的考虑因素就是调整。具体而言，任何异常检测系统都必须处理两种类型的错误：误报和漏报。

当我们的异常检测系统发现一个实际上不是异常的异常时，就会出现假阳性结果；假阴性结果是一个真正的异常未被发现。

每个实际的实施都要考虑这两种错误之间的平衡。例如，对于一个检测异常网络流量的系统，当发现这种异常活动时，通常会通知网络管理员进行调查并解决风险。如果我们有太多的误报，那么网络管理团队的工作负担将是难以承受和昂贵的（或者他们会忽略来自异常检测系统的所有信号）。另一方面，由于有许多假阴性结果，系统检测真实异常的效率就会降低。需要确定一个良好的平衡点，以最大化真正的异常检测，同时使误报与网络管理团队的能力保持一致。

与任何此类型的系统一样，持续监测和评估准确性对于了解模型（无论是有监督的还是无监督的）是否正在对不再有效的数据进行假设是必要的。

10.6　使用 Hadoop 构建大数据异常检测解决方案

异常检测系统非常适合 Hadoop 生态系统。特别是，一个异常检测系统可以是批处理（一次处理所有数据）或实时（处理流数据）的。任何一个系统都可以分解为几个组件，技术的选择取决于用户想要构建的系统类型：

- ❑ 事件存储——对于批处理，可使用 HDFS；对于实时的，可使用一个分布式队列，如 Apache Kafka。
- ❑ 分布式处理系统——对于批处理，可使用 Spark 或 Pig，甚至是 MapReduce；对于实时数据，则最可能使用下面的流处理技术之一：Spark Streaming、Storm 或 Flink。

在这些流组件的边界内，有一些可能影响技术选择的激励特性。例如，系统是在单一事件还是小批量事件上运行？（例如，Spark Streaming 使用微型批处理，而 Storm 和 Flink 则对单个事件进行操作。）一般来说，是否可以接受微型批处理取决于数据的容量和速度以及延迟要求。

目前明显缺乏专门为 Hadoop 构建分布式异常值分析系统的项目。因此，用户一般会自己构建实现。系统总体布局如下：

- ❑ 提取代表异常值分组的"键"和待考虑的"值"。例如，如果我正在特定专业医生的礼物中寻找离群点，那么"键"是医师专业，而"值"就是医生的礼物。
- ❑ 将系统上的事件分组。
- ❑ 根据前一个时间窗口中的数据考虑每个事件。

时间窗口的选择很重要，应考虑季节性因素。这个步骤可以像上个月的数据训练的机器学习模型那样简单，或者可以是在过去的 15 分钟内数据上运行的分布草图[⊖]。无论是哪种情况，在构建这样的系统时都需要考虑以下事情：

⊖　草图技术 (Sketch Techniques) 使用草图矢量作为数据结构，将流式数据存储在紧凑的内存中。这些技术使用哈希将流数据中的项目映射到一个小的草图矢量，可以轻松地更新和查询这个草图矢量。

❑ 几乎所有异常值检测算法都依赖于对历史发生趋势的一些理解。如果用户在内存中存储大量的历史数据，则可能会用完系统内存。这种情况下要使用概率性草绘算法，例如分布草图或布隆过滤器。

❑ 用户必须定期监控这些系统是否存在误报，并根据数据的分布或季节变化调整回溯窗口等内容。

简而言之，任何一个好的异常检测系统的关键在于始终根据数据的实际情况来监控和调整系统的参数。建设这个系统对于任何成功的系统来说都是一个重要的阶段，应该从头开始将其融入基础架构。

10.7　示例：检测网络入侵

为了推动对入侵检测的研究，1998 年 DARPA 创建了一个数据集，其中包含多周的模拟原始 TCP 数据，以及一些模拟以下四种攻击的恶意数据包：拒绝服务（DoS）、远程到本地（R2L）、用户到根目录（U2R）和网络探测。

1999 年，原始的 TCP 转储文件被预处理，用于 KDD 入侵检测基准和竞赛，结果产生了所谓的 KDD99 数据集⊖。结果数据集由一组网络连接记录组成，每个连接记录包括描述与该连接相关活动的 41 个特征（见表 10.1）。

表 10.1　kddcup.data 连接记录特征

特 征 名 称	描　　述	特 征 类 型
duration	Duration of the connection	Continuous
protocol type	Connection protocol (TCP, UDP, etc.)	Discrete
service	Destination service (Telnet, ftp, etc.)	Discrete
flag	Status flag of the connection	Discrete
source bytes	Bytes sent from source to dest	Continuous
destination bytes	Bytes sent from dest to source	Continuous
land	1 if connection if from/to same host, 0 otherwise	Discrete
wrong fragment	Number of wrong fragments	Continuous
urgent	Number of urgent packets	Continuous
hot	Number of hot indicators	Continuous
failed logins	Number of failed log-ins	Continuous
logged in	1 if successfully logged in, 0 otherwise	Discrete
# compromised	Number of compromised conditions	Continuous
Root shell1	if root shell obtained, 0 otherwise	Discrete
Su attempted	1 if su attempted, 0 otherwise	Discrete

⊖　http://kdd.ics.uci.edu/databases/kddcup/kddcup99.html。

（续）

特 征 名 称	描　　述	特 征 类 型
# root	Number of root accesses	Continuous
# File creations	Number of file creation operations	Continuous
# shells	Number of shell prompts	Continuous
# access files	Number of operations on access control files	Continuous
# outbound cmds	Number of outbound commands in an ftp session	Continuous
Is hot login	1 if the log-in belongs to a hot list, 0 otherwise	Discrete
Is guest login	1 if the log-in is a guest log-in, 0 otherwise	Discrete
Count	Number of connections to the same host as the current connection in the past 2 seconds	Continuous
Srv count	Number of connections to the same service as the current connection in the past two seconds	Continuous
serror rate	% of connections that have SYN errors in the count feature	Continuous
srv serror rate	% of connections that have SYN errors in the srv_count feature	Continuous
rerror rate	% of connections that have REJ errors in the count feature	Continuous
srv rerror rate	% of connections that have REJ' errors in the srv_count feature	Continuous
same srv rate	% of connections to the same service	Continuous
diff srv rate	% of connections to different services	Continuoussrv
diff host rate	% of connections to different hosts	Continuous
dst host count	Count of connections having the same destination host	Continuous
dst host srv count	Count of connections having the same destination host and using the same service	Continuous
dst host same srv rate	% of connections having the same destination host and using the same service	Continuous
dst host diff srv rate	% of different services on the current host	Continuous
dst host same src port rate	% of connections to the current host having the same src port	Continuous
dst host srv diff host rate	% of connections to the same service coming from different hosts	Continuous
dst host serror rate	% of connections to the current host that have an S0 error	Continuous
dst host srv serror rate	% of connections to the current host and specified service that have an S0 error	Continuous
dst host rerror rate	% of connections to the current host that have an RST error	Continuous
dst host srv rerror rate	% of connections to the current host and specified service that have an RST error	Continuous
is_anomaly	Normal or anomalous. Possible values are: normal or one of the possible attacks: back, guess_passwd, neptune, nmap, etc.	Discrete

这个数据集经常被用来评估一个异常检测系统，将每个网络连接分类为正常或潜在入侵。与其他许多异常检测数据集类似，这个数据集中的一个挑战就是一些攻击类型很少见。

例如，在整个数据集中只有 2 个 "spy"、3 个 "perl" 和 2 个 "phf" 攻击，这往往给学习与这种攻击相关模式的算法带来困难。

在本节中，我们使用监督学习来构建一个使用 Spark MLlib 的简单网络入侵检测系统，并评估其在 KDD99 数据集上的性能。

10.7.1　数据摄取

为了提取数据集，我们首先从 KDD 网站上下载数据，并将数据上传到 Hive 表中。数据集可以作为一个名为 kddcup.data 的一维文件提供，其中每一行代表一个连接记录，并包含表 10.1 第一列中显示的特征，这些特征以逗号分隔。

下载之后，通过以下 Hive 命令将数据提取到 Hive ORC 表中：

```
drop table kdd99_raw;
CREATE EXTERNAL TABLE kdd99_raw (
        `duration` int,
        `protocol` string,
        `service` string,
        `flag` string,
        `src_bytes` int,
        `dst_bytes` int,
        `land` string,
        `wrong_fragment` int,

                        `urgent` int,
                        `hot` int,
                        `num_failed_logins` int,
                        `logged_in` string,
                        `num_compromised` int,
                        `root_shell` int,
                        `su_attempted` int,
                        `num_root` int,
                        `num_file_creations` int,
                        `num_shells` int,
                        `num_access_files` int,
                        `num_outbound_cmds` int,
                        `is_host_login` string,
                        `is_guest_login` string,
                        `count` int,
                        `srv_count` int,
                        `serror_rate` float,
                        `srv_serror_rate` float,
                        `rerror_rate` float,
                        `srv_rerror_rate` float,
                        `same_srv_rate` float,
                        `diff_srv_rate` float,
                        `srv_diff_host_rate` float,
                        `dst_host_count` float,
                        `dst_host_srv_count` float,
                        `dst_host_same_srv_rate` float,
                        `dst_host_diff_srv_rate` float,
                        `dst_host_same_port_rate` float,
                        `dst_host_srv_diff_host_rate` float,
```

```
        `dst_host_serror_rate` float,
        `dst_host_srv_serror_rate` float,
        `dst_host_rerror_rate` float,
        `dst_host_srv_rerror_rate` float,
        `is_anomaly` string)
ROW FORMAT SERDE 'org.apache.hadoop.hive.serde2.OpenCSVSerde'
STORED AS TEXTFILE
LOCATION '/user/hdfs/kdd';

DROP TABLE kdd99;
CREATE TABLE kdd99 STORED AS ORC tblproperties ("orc.compress" = "ZLIB")
AS SELECT
        protocol, service, flag, is_anomaly,
        CAST(land AS INT), CAST(logged_in AS INT),
        CAST(is_host_login AS INT), CAST(is_guest_login AS INT),
        CAST(duration AS INT), CAST(src_bytes AS INT),
        CAST(dst_bytes AS INT), CAST(wrong_fragment AS INT),
        CAST(urgent AS INT), CAST(hot AS INT),
        CAST(num_failed_logins AS INT), CAST(num_compromised AS INT),
        CAST(root_shell AS INT), CAST(su_attempted AS INT),
        CAST(num_root AS INT), CAST(num_file_creations AS INT),
        CAST(num_shells AS INT), CAST(num_access_files AS INT),
        CAST(num_outbound_cmds AS INT), CAST(count AS INT),
        CAST(srv_count AS INT), CAST(serror_rate AS FLOAT),
        CAST(srv_serror_rate AS FLOAT), CAST(rerror_rate AS FLOAT),
        CAST(srv_rerror_rate AS FLOAT), CAST(same_srv_rate AS FLOAT),
        CAST(diff_srv_rate AS FLOAT), CAST(dst_host_count AS FLOAT),
        CAST(dst_host_srv_count AS FLOAT),
        CAST(dst_host_same_srv_rate AS FLOAT),
        CAST(dst_host_diff_srv_rate AS FLOAT),
        CAST(dst_host_same_port_rate AS FLOAT),
        CAST(dst_host_srv_diff_host_rate AS FLOAT),
        CAST(dst_host_serror_rate AS FLOAT),
        CAST(dst_host_srv_serror_rate AS FLOAT),
        CAST(dst_host_rerror_rate AS FLOAT),
        CAST(dst_host_srv_rerror_rate AS FLOAT)
FROM kdd99_raw;
```

请注意，由于 OpenCSV Serde 以字符串形式读取所有字段，因此必须将所有整数和浮点数列转换为适当的 Hive 类型。

10.7.2　建立一个分类器

现在已经将数据存储在 Hive 表中，我们将从原始表格属性中构建一个特征矩阵，并在此数据集上使用 Spark MLlib 对随机森林分类器进行训练。

首先我们用每个 RAM 的 20 个执行节点设置 SparkContext，然后准备 HiveContext 从 Hive 读取 KDD 数据集：

```
from pyspark import SparkContext, SparkConf
from pyspark.sql import HiveContext

SparkContext.setSystemProperty('spark.executor.memory', '4g')
conf = SparkConf()
```

```
conf.set('spark.executor.instances', 20)
sc = SparkContext('yarn-client', 'kdd99', conf=conf)
hc = HiveContext(sc)
kdd = hc.table("kdd99")
```

接下来我们通过随机分割原始数据集来准备训练集和测试集。请注意，在最初的 KDD99 比赛中，我们指定了一个特定的固定训练集，但为了简单起见，这里使用了 70/30 的随机分割：

```
(trainData, testData) = kdd.randomSplit([0.7, 0.3], seed=42)
trainData.cache()
services = trainData.withColumnRenamed('service','srvc')
➡.select('srvc').distinct()
# filter out any rows with a service not trained upon
testData = testData.join(services, testData.service==services.srvc)
testData.cache()
```

首先，我们使用 Spark 的 randomSplit() 来创建训练和测试数据集。

service 列是非常大的类别变量，为了确保训练集和测试数据集之间的可能值集合一致，我们列出训练集中的所有不同值，然后过滤测试数据集以仅包含这些值。

下面进一步将 cache() 用于训练数据集和测试数据集，以便 Spark 将它们保存在内存中。

```
print "training set has " + str(trainData.count()) + " instances"
training set has 3429014 instances
print "test set has " + str(testData.count()) + " instances"
test set has 1469415 instances
```

接下来，我们构建一个 Spark ML 管道，用于对特征进行预处理并运行训练集上的随机森林分类器。管道使用四个 StringIndexer 实例将字符串字段 protocol、service、flag 和 is_anomaly 转换为类别变量，由于服务类别数量较多，进一步使用 OneHotEncoder 将该分类变量转换为虚拟 0/1 变量。

```
from pyspark.ml.feature import StringIndexer, VectorAssembler,
➡ OneHotEncoder
from pyspark.ml import Pipeline
from pyspark.ml.classification import RandomForestClassifier

inx1 = StringIndexer(inputCol="protocol", outputCol="protocol-cat")
inx2 = StringIndexer(inputCol="service", outputCol="service-cat")
inx3 = StringIndexer(inputCol="flag", outputCol="flag-cat")
inx4 = StringIndexer(inputCol="is_anomaly", outputCol="label")
ohe2 = OneHotEncoder(inputCol="service-cat", outputCol="service-ohe")
feat_cols = [c for c in kdd.columns +
        ['protocol-cat', 'service-ohe', 'flag-cat', 'label']
         if c not in ['protocol', 'service', 'flag', 'is_anomaly']]
vecAssembler = VectorAssembler(inputCols = feat_cols,
➡ OutputCol = "features")

rf = RandomForestClassifier(numTrees=500, maxDepth=6, maxBins=80, seed=42)
pipeline = Pipeline(stages=[inx1, inx2, inx3, inx4, ohe2,
➡ vecAssembler, rf])
model = pipeline.fit(trainData)
```

10.7.3 性能评估

现在我们的模型训练好了，下面用它来预测测试数据集的攻击类别并评估其表现。

```
results = model.transform(testData).select("label", "prediction").cache()
```

为了进行评估，我们定义了一个名为 eval_metrics() 的 Python 函数来计算每个类别的准确率和召回率，实现如下：

```
import pandas as pd
def eval_metrics(lap):
    labels = lap.select("label").distinct().toPandas()['label'].tolist()
    tpos = [lap.filter(lap.label == x).filter(lap.prediction == x).count()
➥    for x in labels]
    fpos = [lap.filter(lap.label == x).filter(lap.prediction != x).count()
➥    for x in labels]
    fneg = [lap.filter(lap.label != x).filter(lap.prediction == x).count()
➥    for x in labels]
    precision = zip(labels, [float(tp)/(tp+fp+1e-50) for (tp,fp) in
➥      zip(tpos,fpos)])
    recall = zip(labels, [float(tp)/(tp+fn+1e-50) for (tp,fn) in
➥      zip(tpos,fneg)])
    return (precision,recall)


(precision, recall) = eval_metrics(results)
ordered_labels = model.stages[3]._call_java("labels")
df = pd.DataFrame([(x, testData.filter(testData.is_anomaly == x).count(),
➥y[1], z[1])
for x,y,z in zip(ordered_labels, sorted(precision, key=lambda x: x[0]),
➥sorted(recall, key=lambda x: x[0]))],
➥columns = ['type', 'count', 'precision', 'recall'])
print df
            type    count  precision    recall
0          smurf.  842086   1.000000  1.000000
1        neptune.  321393   1.000000  0.999966
2         normal.  292343   1.000000  0.995658
3          satan.    4695   0.930990  0.999314
4        ipsweep.    3717   0.973635  0.921334
5      portsweep.    3102   0.987105  0.985517
6           nmap.     690   0.440580  1.000000
7           back.     678   0.855457  1.000000
8     warezclient.    284   0.000000  0.000000
9       teardrop.     292   0.047945  1.000000
10           pod.      78   0.000000  0.000000
11   guess_passwd.     11   0.000000  0.000000
12 buffer_overflow.    10   0.000000  0.000000
13    warezmaster.      6   0.000000  0.000000
14          land.       9   0.000000  0.000000
15        rootkit.      2   0.000000  0.000000
16          imap.       6   0.000000  0.000000
17       multihop.      2   0.000000  0.000000
18      loadmodule.     5   0.000000  0.000000
19       ftp_write.     4   0.000000  0.000000
20           phf.       0   0.000000  0.000000
```

正如读者所看到的，正常连接以及最常见的类别如 smurf、Neptune、satan、ipsweep 和 portsweep ，它们的准确率和召回率都非常高。对于稀少的类别，分类器不起作用，这也需要进一步的工作来处理这些情况。

10.8　小结

在本章中：

❑ 介绍了什么是异常检测及其常见用例。

❑ 帮助读者学习了机器学习的常见检测方法，包括基于规则的检测、非监督检测和半监督学习。

❑ 帮助读者学习了如何将异常检测应用于时间序列数据。

❑ 帮助读者学习了如何使用 Hadoop 构建大数据异常检测系统。

第 11 章
自然语言处理

导航的声音绝对是一台机器的声音，但你可以说这台机器是一个女的，这有点伤脑筋。机器如何具有性别？这台机器也有美国口音。机器又怎么拥有国籍的呢？这不是一个好想法，让机器像真人一样说话，可以吗？为机器赋予人的身份？

——Matthew Quick,《 The Good Luck of Right Now 》

本章将介绍：
❏ 自然语言处理概述、历史和主要用途
❏ 用 Hadoop 进行自然语言处理的工具介绍
❏ 情感分析示例

11.1 自然语言处理概述

自然语言处理（NLP）是以下三个领域的交叉：
❏ 语言学
❏ 计算机科学
❏ 统计学

简而言之，这是跨学科的尝试，使计算机从用人类语言编写的文本中提取意义或结构。请读者原谅，"意义"这个术语在这里涵盖很多内容而且定义模糊。但我们确实喜欢这种说法。随着技术变得更好、更强大、更精确及其在计算上可行性，我们试图用 NLP 提取的这种意义也随之扩大。

这个主题与计算机科学、数学和外部领域（语言学）相结合，对数据科学来说是非常合适的。这些学科的交叉给我们带来了一系列令人着迷的问题。其中一些问题有非常简单的解决方案，而有些问题的解决是非常困难的，即使是人类也有显著的错误率。

在本章中，我们简要地介绍构成 NLP 领域的一些问题，然后本章其余部分重点介绍一个情感分析示例。

11.1.1　历史方法

计算机以反映人性属性的方式进行交流的愿望可以追溯到计算的最初时期。在 20 世纪 50 年代，由军事研究目的推动的，在乔治城大学和 IBM 联合进行的历史上重要的实验⊖突破了机器翻译的界限：将俄语句子翻译成英语。Georgetown-IBM 实验是自然语言处理最早方法的典型例子。具体来说，该实验利用一组硬编码的规则和一个字典来执行翻译。尽管这种方法相对简单和严格，但在广泛的使用案例中却令人惊讶地取得了成功，并一直持续到 20 世纪 80 年代。推动新进步的主导者是计算语言学家们，如诺姆·乔姆斯基（Noam Chomsky），他们正在寻找更好的模型来构建自然语言的规则。

随着更复杂规则和更强大计算机的出现，这些方法取得了一些成功。ELIZA⊜是一个以人性化的方式与人类互动的程序的最著名示例之一。ELIZA 是 Joseph Weizenbaum 在 20 世纪 60 年代创造的一种聊天程序，用来模仿治疗师。尽管有一个固定的词汇和简单的规则，但当人类受访者深入话题时它也只能使用泛型的回应转换话题。在 20 世纪 80 年代后期，我们看到了从复杂的语言规则到机器学习和统计学方法的转变。对更适应性系统的渴望以及对拥有可用于驱动这种系统的计算能力的渴望，促成了这种转变的发生。更好的算法和更好的计算机已经稳步地把我们带到了现代化时代，在这个时代，计算机每次与搜索引擎或自动电话系统进行交互时，都会与复杂的自然语言处理系统进行常规交互。

11.1.2　NLP 用例

基本上来说，自然语言处理以最适合人类交互的格式来操纵数据。高级用例涉及如下内容：

❑ 从一种语言翻译成另一种语言
❑ 自动生成文本摘要
❑ 问答

这些高级用例中的每一个都需要多个独立的任务，这些任务被认为本身可以进行自然语言处理。这种方法遵循前面章节中提到的正常模式——数据科学正在生成数据科学。

NLP 用例中常见的主要类型包括文本分割、词性标注、命名实体识别、情感分析和主题建模。

11.1.3　文本分割

作为人类，我们以有用和有意义的方式组织文本，以帮助我们进行处理。这些组织结构的例子是句子、段落、单词或主题。通常，当我们提取要处理的文本时，提取过程由于各种原因无法捕获这些组织结构。而且，人类对缺少标点符号或拼写错误非常敏感。然而，在某些情况下，标点符号可以改变句子的全部含义，或者至少可以做出不明确的解释，例如：对比 "Let's eat grandpa."（去吃掉爷爷。）和 "Let's eat, grandpa."（去吃饭吧，爷爷。）

⊖　https://en.wikipedia.org/wiki/Georgetown%E2%80%93IBM_experiment。

⊜　https://en.wikipedia.org/wiki/ELIZA。

指导计算机如何提取原始的、可能是嘈杂的文本并将其组织成有意义的单元的任务称为**文本分割**。

句子分割是文本分割的最简单形式之一，通常通过查找句点字符作为分隔符来进行近似。但即使是在英文中，这也只是一个近似值，因为缩写使用了句点，这可能导致对句子结尾的错误检测，如下面的例子所示："I have explained to Mr. Johnson that this is not acceptable."。

11.1.4　词性标注

我们很多人在早期的教育中学到了一套有用的分类，称为"词性"，这些分类与词汇相关。英语中的主要分类是名词、代词、形容词、动词、副词、介词等。我们了解将词性与词组联系起来时所产生的例外、细微差别和不一致。

如果构建了自动识别在可接受误差范围内工作的词类的方法，令小学生感到迷惑的相同问题就不存在了。

从本质上讲，你可以看到它在机器学习 / 数据科学环境中的适合性。这基本上是一个非常粗糙的分类问题，并且多年来设计了许多方法来解决此问题。这些技术的范围从尝试将与语法相关的复杂语言规则定义为传统机器学习方法到分类的规则。

例如，请考虑下面的句子："I want to get the new iPad."。一个简单的词性标注器将按如下方式对每个部分进行分类：

```
I|PRP  want|VBP  to|TO  get|VB  the|DT  new|JJ  iPad|NN
```

其中使用了通用的标准化语言结构，称为 Penn treebank⊖标签（PRP＝代词、VB＝动词、NN＝名词等）。

11.1.5　命名实体识别

命名实体识别是标记具有给定类别的单词或序列的任务，例如人或地点。这些类别旨在解释和分配被标记的单词或词语的某些含义。

用词性标注单词是一种挑战，但是将多个单词加上一个可能不符合像语法一样简单的规则的类别是完全不同的挑战。

例如，命名实体识别能够确定在"比尔·盖茨有钱"的句子中，"比尔·盖茨"这个词是指一个人。正如你所想的那样，这是一项特别有用的任务，并且给语言带来了更接近意义的东西。

11.1.6　情感分析

情感分析是预测句子或文档情绪的过程。情绪的范围可以从简单的积极、中立、消极到不同程度的积极性或消极性。这个任务也许是自然语言处理中最困难的事情之一。虽然语法

⊖　https://www.ling.upenn.edu/courses/Fall_2003/ling001/penn_treebank_pos.html。

可能是模棱两可的，但情感分析必须应付非常人性化和非常模糊的玩笑和讥笑的区别。

看下面的例子，"我想死你了"与"我想你死了"，"死"这个词第一句话中常有积极的情绪，而在第二句话中则带有消极的情绪。

11.1.7　主题建模

主题建模是一个常见的 NLP 任务，其目标是提取出现在文档语料库中的最突出或最重要的主题。

通常，当一个文档是关于一个特定主题或一组主题的时候，我们希望某些单词更频繁地出现。通过这种观点，主题建模技术使用统计和概率方法来识别文档语料库中的潜在语义结构，并从中识别出关键主题。

11.2　Hadoop 中用于 NLP 的工具

在 Hadoop 环境中有很多方法可以处理自然语言处理问题。一般来说，有两个选择：

❑ 在 Hadoop 中使用用于 UDF 中单个节点的 NLP 库。我们通常将此称为小模型 NLP。

❑ 使用内置于 Hadoop Data Science 项目的 NLP 库。我们通常将此称为大模型 NLP。

11.2.1　小模型 NLP

Hadoop 中用于处理数据的大多数产品（如 Hive、Pig、Storm、Spark 和 MapReduce）都有扩展点，用户可以定义自己的函数来操作数据。

使用小模型 NLP 方法，用户可以为这些 Hadoop 产品实现特定的 NLP 任务，并利用现有的 Hadoop 产品的用户定义函数 的 NLP 库（如 OpenNLP、Stanford CoreNLP、NLTK 或 Spacy）。

这种方法有利有弊。显而易见的弊端是，这些库中的语言模型，如果用户创建了模型则基于用户数据的一小部分创建，如果使用公共模型则基于第三方数据创建。这会导致 NLP 库底层的机器学习算法没有被暴露得足够广泛，以支持模型的规模化运行。

这种方法也可以用每句话来计算，所以必须小心地把处理分散到许多任务上。由于自动计算任务数量的常规方法主要考虑了数据大小，所以预测将导致更少的任务，从而产生更为计算密集的工作量。

这种方法最明显的好处是，许多尖端的技术都出现在这些常见的 NLP 库中，因为这些是高级学术研究的结果。另外一个好处就是有一系列竞争性项目可供选择，可以根据功能和使用的编程语言（例如 Java 或 Python）来挑选最适合你需求的项目。

表 11.1 提供了以下最常见 NLP 库中的各种功能的快速指南：OpenNLP ⊖、Stanford CoreNLP ⊜、Spacy ⊜和 NLTK ®。

ⓐ　https://opennlp.apache.org/。

ⓑ　http://nlp.stanford.edu/software/corenlp.shtml。

ⓒ　https://spacy.io/。

ⓓ　http://www.nltk.org。

表 11.2 列出了几个专门包含主题建模实现的库。

表 11.1 NLP 库功能概述

Library Name	OpenNLP	Stanford CoreNLP	NLTK	Spacy
License	Apache V2	GPL	Apache V2	MIT
Programming Language	Java	Java	Python	Python
Text Segmentation	Yes Pig Integration via Apache DataFu	No	Yes	Yes
POS tagging	Yes Pig Integration via Apache DataFu	Yes	Yes	Yes
Named Entity Recognition	Yes Pig Integration via Apache DataFu	Yes	Yes	Yes
Sentiment Analysis	No	Yes	Yes	No

表 11.2 主题建模的库

Library Name	Mallet	Gensim
License	Apache V2	LGPLv2
Programming Language	Java	Python

在某些情况下，Hadoop 项目可能会将这些库中的一部分包装到用户定义的函数中，使程序员可以轻松访问这些库。Apache DataFu 是一个旨在提供工具来帮助数据科学家以 Pig 定义 UDF（用户自定义函数）的项目。因此，它提供了使用 OpenNLP 的用户定义的包装句子分段和词性标注的功能。

11.2.2 大模型 NLP

两个主要的开源数据科学 Hadoop 项目，Apache Mahout 和 Apache Spark（MLlib），都支持使用 Hadoop 进行自然语言处理。通常情况下，这两个项目都旨在支持数据科学领域广泛的算法。由于它们没有完全专注于自然语言处理，所以其自然语言处理能力的广度存在很大的缺陷。这两个项目都没有针对 NLP 算法的具体实现提供许多选项，但是它们确实有工具来提取作为 NLP 算法先驱的文档或句子的特征表示。例如，如果可以将句子或文档表示为一组特征，则情感分析将成为多分类问题。

Apache Mahout

Apache Mahout 是第一个针对 Hadoop 的面向数据科学的项目，因此具有相当广泛的功能。除了实际的自然语言处理算法之外，它还有一套很好的文本准备工具。自然语言处理的通用模型是词袋模型（bag-of-word model），其中文档被表示为忽略词序并且通常仅考虑重要词的子集的重要性分数加权的词袋计数。该模型创建每个文档的向量表示，这是在其他机器学习算法（如分类器）中使用的有用表示。Mahout 拥有工具来建立这种表示。

　　此外，Mahout 还提供了主题建模功能，这是一种无监督的算法，它从一组文档中确定重要的"主题"，并为看不见的文档提供主题分布。例如，给定一组报纸，这组主题可能是来自报纸不同部分的代表性关键字。而且，如果有一篇看不见的新文章，它会指出描述该文章的每个主题的比例。

Apache Spark MLlib

　　Apache Spark 的 MLLib 子项目旨在提供大规模的数据科学算法。作为这个项目的一部分，还对构建具有逆文档频率（TF-IDF）重要性分数加权的词袋表示提供支持。

　　如第 5 章中所述，TF-IDF 是文档语料库（即文档集合）一部分的文档内部单词的常用相关度量。有许多公式，但是一般的方法是，对于文件来说，在文件中采用单词（或术语）频率，并通过逆文档频率（包含该词的文档在整个集合中出现的数量的倒数）来加权。这个分数大致对应于一个单词对文档的"重要性"，通过对大多数文档中使用的单词的影响进行重要性计算。

　　此外，MLlib 支持一种称为 word2vec 的新型矢量化技术。这种方法是词的分布式矢量表示，对词相似的概念以及词类比进行编码。这种词表示对于那些设计其他 NLP 算法实现的人来说是有利的，例如情感分析或命名实体识别。

11.3　文本表示

　　自然语言处理的常用方法，实际上是将自然语言问题转化为另一个我们熟知的的机器学习问题。举例来说，垃圾邮件分类是区别电子邮件是" spam or ham"（即我们不想或想要读到）的问题。为了做出这个分类决策，需要将邮件内容转换成新的格式，以便适用于另一个机器学习或数据挖掘过程。这个转换过程叫作矢量化，就是把文档转换成矢量的过程。

　　正如第 5 章中提到的那样，这个问题有很多种方法。让我们再来看两个常见的东西：词袋模型（bag-of-words）和 word2vec。

11.3.1　词袋模型

　　单词袋模型是一个简单但令人惊讶的有效模型，用于将文档转换为特征向量。最初，为要使用的文档语料库构建一个有序的词汇表，通常用非常常见的词语（也称为停用词）来修剪。从这个有序的词汇表中，你可以在单词和维度之间进行映射。

　　通过单词到维度的映射，很容易获取一个文档并创建一个向量，每个维度都与一个词在文档中出现的次数相关联。

　　以一个有序的词汇为例：

1. 樱桃
2. 狗
3. 派
4. 市场

如果我要把一个句子："我把狗带到市场去买一个樱桃派，每个人都爱我的狗！"矢量化，我会创建下面的矢量：<1,2,1,1>，因为樱桃、派和市场出现一次，而狗出现两次。

正如你所看到的，这个模型非常简单，它甚至没有考虑句子的顺序。为了在这个相当简单的模型中编码更多的信息，可以做一些常见的修改。与我们在这里使用的简单计数不同，有时使用其他数量：

词频——所有文档中单词（或术语）的简单频率。

TF-IDF——如前所述，这个度量给出了一些"独特"重要性的概念。它降低了非常常见术语的重要性，并提高了文件中经常出现的相对罕见术语的重要性。

词袋模型的其他改进包括使用一对单词或三个单词而不是单个单词（通常分别称为二元组或三元组）。此功能允许在模型中包含某些字词排序。

尽管它很简单，但十多年来，袋装词模式一直是基于统计和机器学习的自然语言处理的主要手段。

11.3.2 Word2vec

2013 年，谷歌的一组研究人员发表了一篇名为"矢量空间中词表示的高效估计"的论文⊖，其中描述了一个使用浅层双层神经网络来学习词与向量之间映射关系的有效系统。具体而言，因为他们正在学习和嵌入到向量空间中，所以可以通过向量算术来操纵单词向量，并且该操作具有语义意义。

以 word2vec 模型为例，这个模型是在一个大型的英文文档的语料库上训练的。计算出的向量（向量（"国王"）– 向量（"男"）+ 向量（"女"））和向量（"王后"）之间的角度非常小。这个结果证明了 word2vec 是基于表示相似词的向量之间的角度来学习向量空间嵌入的。因此，用可以通过查找附近的矢量来找到同义词。

谷歌的这个小组发现，当用这种文本表示来构建文档向量，或者用这种文本表示在情感分析中替换词袋模型，只这项改动就能极大提高准确性。

然而，这种表示方式虽然不错，但如何提取词向量以及如何构造文档向量或语句向量还不是很清楚。因此，使用深度学习来构造像段落向量和文档向量这样的更高层次的组合，已经有了许多适应这种技术的方法。一般来说，作为一种技术，神经网络模型似乎已经引起了选择矢量化技术的实践和研究 NLP 专家的关注。

11.4 情感分析示例

自然语言处理的一个重要任务是确定输入文本的情绪。人们已经开始研究使用情感分析来做一切事情，从预测 Twitter 数据中的库存移动到更好地理解留言板数据中的产品评论。

通过监督学习技术，我们在第 8 章中看到了一个使用 Spark 进行情感分析的简单例子。

⊖ https://arxiv.org/abs/1301.3781。

为了说明如何将用于情感分析的更先进的 NLP 技术融入到 Hadoop 生态系统中，我们将演示如何使用 Stanford CoreNLP 库对 Spark 进行情感分析，并进行规模化应用。

11.4.1　Stanford CoreNLP

在过去的几年里，自然语言处理领域更有意思的事情之一就是运用更复杂的文档模型表示。我们早些时候讨论过词袋模型，但是还有其他的表述重视文本结构。其中一个表述在 2013 年的一篇名为"用于感情树库上语义构成性的递归深层模型"的一文⊖中有所描述。

这项工作随后被纳入斯坦福大学的自然语言处理库 Stanford CoreNLP。由此产生的代码旨在预测句子级别的情绪。训练文档的默认设置是电影评论数据。因此，我们将把这个库合并到一个自定义的 Spark 函数中，该函数将获取一个文档、提取句子，并为每个句子生成情感。

11.4.2　用 Spark 进行情感分析

在这个例子中，我们可以学习如何使用 Spark 与 CoreNLP 非常好的情感分析库以可伸缩的方式评估文档语料库的情感。与每个 Spark 应用程序一样，我们需要知道数据如何通过应用程序来了解性能特征。在这种情况下，Stanford CoreNLP 情感分析的计算量非常大，所以可以将问题分解为以下几个步骤来最大化并行性：

1. 使用 CoreNLP 将文件分成句子。
2. 对于每个句子，使用 CoreNLP 来计算情绪。
3. 按文档把句子分组。
4. 根据句子的分数汇总文档的情感分数。

严格来说，将句子级结果汇总到文档级结果并不是很明智。事实上，我们应该对文档级别的数据进行再训练，但是为了简单起见，如果一半以上的非中性句子是肯定的，那么我们将判定一个文档是肯定的，以此来粗略估计情绪。

以下是使用 Spark 完成 Scala 实现（请参阅附录 A，完整代码可从书库中获得）的一些关键摘录，以说明其中的一些内容。例如，把文件分割成句子。在 CoreNLP 中，这一步可以非常简单地完成：

```
/**
 * Split a document into sentences using CoreNLP
 * @param document
 * @return the sentences within the document
 */
def splitIntoSentences(document:String) : Iterable[String] = {
  val err = System.err;
  // now make all writes to the System.err stream silent
  System.setErr(new PrintStream(new OutputStream() {
    def write(b : Int ) {
    }
  }));
```

⊖　Richard Socher、Alex Perelygin、Jean Wu、Jason Chuang、Christopher Manning、Andrew Ng 和 Christopher Potts。参见 http://www-nlp.stanford.edu/sentiment。

```
    val reader = new StringReader(document);
    val dp = new DocumentPreprocessor(reader);
    val sentences = dp.map(sentence => Sentence.listToString(sentence))
    System.setErr(err);
    sentences
}
```

请注意 DocumentPreprocessor 的用法，它是一个用于将文档分解成句子的 CoreNLP 类。

对于一个给定的句子，我们创建一个 CoreNLP 管道，用一些辅助函数完成标记、解析和情感提取：

```
/*
 * Set up a sentiment pipeline using CoreNLP to tokenize, apply
 *part-of-speech tagging and generate sentiment estimates.
 */
object SentimentPipeline {
  val props = new Properties
  props.setProperty("annotators", "tokenize, ssplit, pos, parse,
➥ sentiment")
  val pipeline = new StanfordCoreNLP(props)
}
/*
 * Analyze an individual sentence using CoreNLP by extracting
 * the sentiment
 *
 * @param sentence
 * @return POSITIVE or NEGATIVE
 */
def analyzeSentence(sentence: String) : String = {
  val err = System.err;
  System.setErr(new PrintStream(new OutputStream() {
    def write(b : Int ) {
    }
  }));

  val pipeline = SentimentPipeline.pipeline
  val annotation = pipeline.process(sentence)
  val sentiment = analyzeSentence(annotation.get((new CoreAnnotations.
➥SentencesAnnotation).getClass).get(0))
  System.setErr(err);
  sentiment
}

/*
 * Analyze an individual sentence using CoreNLP by extracting
 * the sentiment
 *
 * @param sentence the probabilities for the sentiments
 * @return POSITIVE or NEGATIVE
 */
def analyzeSentence(sentence: CoreMap) : String = {
  /* for each sentence, we get the sentiment that CoreNLP thinks
   * this sentence indicates.
   */
```

```
      val sentimentTree = sentence.get((new
➡ SentimentCoreAnnotations.AnnotatedTree).getClass)
      val mat = RNNCoreAnnotations.getPredictions(sentimentTree)
   /*
    * The probabilities are very negative, negative, neutral, positive or
    * very positive.  We want the probability that the sentence is positive,
    * so we choose to collapse categories as neutral, positive
    * and very positive.
     */
    if(mat.get(2) > .5) {
      return "NEUTRAL"
    }
    else if(mat.get(2) + mat.get(3) + mat.get(4) >   .5) {
      return "POSITIVE"
    }
    else {
      return "NEGATIVE"
    }
  }
/**
    * Aggregate the sentiments of a collection of sentences into a
    * total sentiment of a document.  Assume a rough estimate using
    * majority rules.
    * @param sentencePositivityProbabilities
    * @return POSITIVE or NEGATIVE
    */
  def rollup(sentencePositivityProbabilities : Iterable[String]) : String = {
    var n = 0
    var numPositive = 0
    for( sentiment <- sentencePositivityProbabilities) {
      if(sentiment.equals("POSITIVE")) {
        numPositive = numPositive + 1
      }
      if(!sentiment.equals("NEUTRAL")) {
        n = n + 1
      }
    }
    if(numPositive == 0) {
      "NEUTRAL"
    }
    val score = (1.0*numPositive) / n
    if(score > .5) {
      "POSITIVE"
    }
    else {
      "NEGATIVE"
    }
  }
```

使用这些辅助函数，我们在 Scala 中构造一个方法，首先按文档并行化，然后按句子并行化、计算情感并使用 rollup 方法汇总结果。

```
/**
Calculate the sentiments per-document for a corpus of documents
    * @param inputPath A corpus of documents
```

```
 * @return A RDD containing the original document and the
 * associated sentiment
 */
def getSentiment( inputPath:RDD[String]): RDD[Tuple2[String, String]] =
{
 inputPath.flatMap( doc => SentimentAnalyzer.splitIntoSentences(doc).
➥ map( sentence => (doc, sentence))).map( doc2sentence =>
➥ (doc2sentence._1, SentimentAnalyzer.analyzeSentence(doc2sentence._2))).
➥ groupBy( x => x._1).map( doc2sentences =>
➥ (doc2sentences._1, SentimentAnalyzer.rollup(doc2sentences._2.
➥ map(x => x._2))))
}
```

我们可以用以下步骤来大致描述上面的代码：

1. 使用传递给 flatMap 的函数将文档分割成句子。

2. 对于每个句子，使用传递给 map 的函数来计算情绪。

3. 按文档对句子分组。

4. 根据最终 map 中句子的分数汇总文档的情感分数。唯一复杂的地方是 groupBy 将文档集合返回句子情感对，并且 rollup 需要一个句子情感集合。

关于这个例子的完整代码可以从书本库获得（请参阅附录 A），建议读者下载并仔细研究应用程序。

11.5 小结

在本章中：

❑ 我们讨论了为什么自然语言处理很重要，以及它如何为现代应用程序（如搜索、机器翻译或情感分析）提供大量的价值。世界被非结构化或半结构化的数据所淹没，其中大部分是以文本形式存在的。理解并掌握从数据中提取知识和信息的技术是非常重要的。

❑ 我们简要地讨论了 NLP 中任务的主要类型，如文本分割、词性标注、命名实体识别和情感分析。

❑ 我们回顾了通过 Hadoop 规模化应用 NLP 的两种主要方法，我们称之为小模型 NLP 和大模型 NLP；以及 NLP 最常用的开源工具，如 OpenNLP、CoreNLP 和 NLTK。

❑ 我们展示了一个使用 Spark 和 Stanford CoreNLP 进行情感分析的示例。

第 12 章

数据科学与 Hadoop——下一个前沿

我们没有更好的算法，我们只有更多的数据。

——Peter Norvig

本章将介绍：

❑ 自动数据发现
❑ 深度学习

本书中，我们已经看到了 Hadoop 如何提供一个平台，为大数据集提供广泛的数据科学应用。借助 Hadoop，并利用 Spark、Pig 和 Hive 等工具组成的生态系统，用户可以在比以往更大的数据集上以高效、可扩展的方式运行典型的数据科学流程。

但是，大量数据的可用性以及相对较低的采集、存储成本，促进了原来不可能的新应用程序和新技术的出现。这些技术为大数据和 Hadoop 数据科学的未来铺平了道路。

在本章中，我们将讨论两个例子：自动数据发现和深度学习。

12.1 自动数据发现

数据以惊人的速度增长，为了充分利用这些新数据，人们越来越需要自动化技术来发现大型数据集中的模式。

例如，考虑糖尿病患者的数据集，一个重要的目标可能是了解这个数据集的内在结构，例如哪些患者患有 1 型糖尿病以及哪些患者患有 2 型糖尿病。如果将许多现有的无监督学习技术应用于这个问题，则这些技术将依靠专家提出的一些假设。考虑 k 均值聚类，我们假设数据被组织成球形，分析者通常要确定所需要的聚类数量和数据点之间的相似性度量。

确定正确的模型构建这一任务往往是困难的，也需要人工介入。为了克服这类困难，一套新的称为拓扑数据分析⊖（TDA）的技术，能提取嵌入在大型高维数据集中的信息，并对特定模型规范的需求降低到最小限度。

⊖　https://en.wikipedia.org/wiki/Topological_data_analysis。

作为数学的经典分支——拓扑学的扩展，计算拓扑学已经有新的进展，并且在非结构化数据理解和组织方面显示出了其巨大的前景。TDA 利用计算拓扑理论中的进步自动识别高维数据中的"形状"作为潜在的模式。如图 12.1 所示，数据中的各种几何形状（模式），如循环（连续圆形段）、耀斑（长线性段），或图形结构代表 TDA 可自动识别的数据中固有的有趣模式。这种方法使用标准的统计学、机器学习技术以及可视化来进一步调查数据集的这些子模式。TDA 的一个关键特征是，用这些技术确定的形状是无坐标的，对于小的变形来说是不影响的，因此它们确实能识别出底层数据的显著特征。

在十年之前，从计算的角度来看，这个领域的研究几乎是不可用的。实现 TDA 所需的计算资源是不可用的，因此 TDA 仍然是一个理论研究领域。随着近年来计算资源的进步，特别是像 Hadoop 或 Spark 这样的分布式计算软件可用性的提高，拓扑数据分析不仅是可行的，而且也是处理大型数据集中结构自动检测所必需的。

TDA 具有启发数据科学家关于基因组学、天文学、地球物理学等各种科学研究领域的数据集底层结构的潜力。在一个例子中，TDA 被用来帮助癌症研究人员确定一个更可能存活的乳腺癌患者的独特子群⊖。另一个使用 TDA 无监督聚类和数据组织能力的例子是 Ayasdi，它是一个拓扑数据分析公司。Ayasdi 利用其产品根据玩家统计数据得出的集群拓扑，找出 13 个新的、独特的篮球队站位⊜。

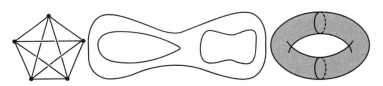

图 12.1   由 TDA 标识的形状示例：图、8 字型形状、圆环

随着这一符合摩尔定律领域的进步，毫无疑问，TDA 将成为数据科学家工具箱中的首选工具。

要了解有关 TDA 的更多信息，请参阅以下几个有用的资源：

❑ 俄亥俄州立大学 TDA 研究页面：http://web.cse.ohio-state.edu/~tamaldey/course/CTDA/CTDA.html。

❑ CMU TDA 研究小组：http://www.stat.cmu.edu/topstat/。

❑ 高级研究所的 TDA：https://www.ias.edu/ideas/2013/lesnick-topological-data-analysis。

❑ Ayasdi：https://www.ayasdi.com/technology/。

12.2 深度学习

在人工智能和机器学习的多年研究中，总是假定学习算法在底层数据对象的表示之上运

⊖ http://www.ncbi.nlm.nih.gov/pmc/articles/PMC3084136/。

⊜ http://www.wired.com/2012/04/analytics-basketball/。

行，这通常被称为特征生成或特征工程。

正如在第 5 章中所详细讨论的那样，特征工程通常是一个复杂的过程，需要在问题领域拥有深厚的专业知识，而且需要投入大量的时间和精力。

表示学习[⊖]（也称为"特征学习"）是一组利用机器学习在没有监督或半监督的情况下下自动学习给定问题的最佳表示的方法。

自动编码是一种众所周知的表示学习方法。通常，深度自动编码器的输出或表示被用作另一个分类器的输入，但是它自己使用的一个例子就是语义散列。在这种方法中，创建文档的独特向量表示，使得它们与距离函数越接近，它们在语义上相似的可能性就越大（例如，它们是关于同一主题的）。自动编码器通过暴露于数据中来自动学习这个表示。

在 Hinton 和 Salakhutdinov[⊜] 2007 年发表的一篇论文" Semantic Hashing"中可以找到一个很好的例子，其中从 20 个不同的新闻组中获取的文档是根据学习的向量表示进行分组的。

不仅仅是表示学习，深度学习（也称为分层学习）最近已经成为机器学习研究的热门领域。深度学习将监督学习与表示学习相结合。使用多层神经网络（也称为深度网络），它使网络能够自动学习复杂的表示，以及针对手头的问题学习更复杂的非线性模型。

这套技术的基础是这样的概念，即某个抽象层次的概念是通过使用低层次表示的概念来学习的，而低层次的概念又是从另一个层面来学习概念的，依此类堆。如图 12.2 所示，这种方法与大多数"传统的"机器学习算法（如通用线性模型（GLM）、决策树或支持向量机（SVM）等）形成对比，其中"浅"结构指只包含一层或两层。

深度学习是非常有用的，例如，在图像处理应用中，原始输入由图像像素组成。使用传统的学习方法，建模者将不得不应用各种图像处理算法将像素预处理成更抽象的特征（例如边缘、线条、形状等），然后继续学习本身。通过深度学习，像素的原始输入被用作深层网络的第一层的输入，并且这些中间特征由网络自动学习。可以在 Honglak Lee、Roger Grosse、Rajesh Ranganath 和 Andrew Y.Ng. 的论文"利用卷积深信网络进行分层表示的无监督学习"[⊜]中找到关于这种类型学习的一个很好的例子。

深度学习在行业规模上的第一次真正成功是声学建模或语音识别，紧随其后的是图像和视频处理应用，以及语言建模和自然语言处理。

虽然深度学习是一个非常令人兴奋和热门的研究领域，而且还会改变我们如何使用机器学习，但它仍处于发展的早期阶段。

目前在实践中，深度学习有两大挑战：

- ❑ 深度学习需要比其他（更传统的）机器学习技术更多的数据进行训练。这个挑战就是 Hadoop 生态系统所带来的挑战。以便宜的方式实现大量数据的收集和存储，使

[⊖] https://en.wikipedia.org/wiki/Feature_learning。

[⊜] http://www.cs.toronto.edu/~fritz/absps/sh.pdf。

[⊜] http://www.cs.toronto.edu/%7Ergrosse/cacm2011-cdbn.pdf。

研究人员和从业者能够进行深度学习。

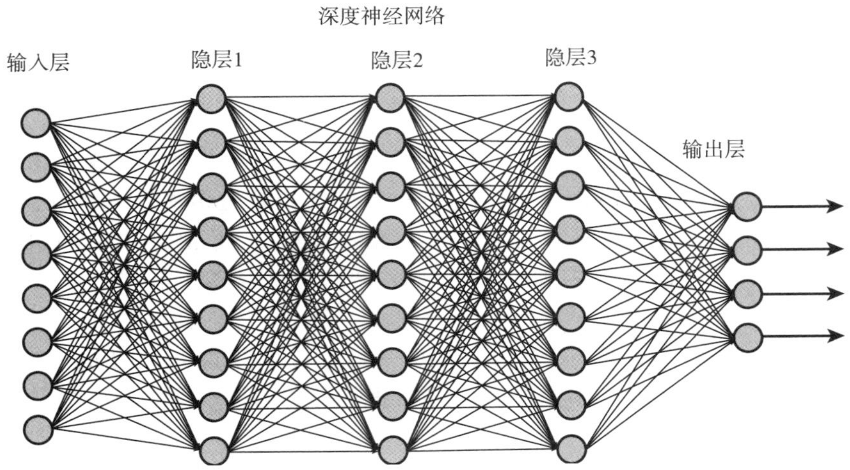

深度神经网络

图 12.2 具有多层的深度网络体系结构

❑ 训练深度神经网络需要大量的计算资源，单台机器上的训练时间可能很长，有时甚至需要几天或几周。 在这里 Hadoop 作为一个网格计算平台很有帮助，Hadoop 提供了一个很好的解决方案，可以实现大规模的深度学习算法。图形处理单元（GPU）在深度学习中非常受欢迎，因为它们能够提供非常快速的浮点操作，并且我们期望将 GPU 集成到 Hadoop 调度程序（YARN）中，以便深度学习可以更好地集成到平台。

尽管深度学习仍然是一门新技术，但它在学术界和工业界的发展势头不可抵挡，且已经形成了各种各样的开源软件包和用于深度学习的库：Theanos、Caffe、Torch、deepnet、deeplearning4j 以及谷歌开源的 TensorFlow。

目前只有少数库支持 Hadoop 分布式深度学习，最著名的是 deeplearning4j、H_2O，并且在 Spark 的 MLlib 中也开始支持了。

我们期望看到关于深度学习的更多创新，因为实现各种深度学习算法的工具和库变得更加强大、更具可扩展性且更易于使用了。

要了解有关深度学习的更多信息，请参阅以下资源：

❑ 在 线 书 籍：http://www.deeplearningbook.org/ 或 http://research.microsoft.com/ pubs/209355/DeepLearning-NowPublishing-Vol7-SIG-039.pdf

❑ 教程：http://deeplearning.net/tutorial/deeplearning.pdf

❑ 纽约大学的深度学习课程：http://cilvr.cs.nyu.edu/doku.php?id=deeplearning:slides:start

❑ 来自滑铁卢大学的 YouTube 讲座：https://www.youtube.com/ playlist?list=PLehuLRPyt1Hyi78UOkMPWCGRxGcA9NVOE

12.3 小结

在本章中，我们介绍了一些以前更具学术性的新型算法，由于收集和存储大量数据能力的提高，近来已经得到了研究人员和从业者的更多关注。

在本章中：

❑ 介绍了拓扑数据分析。这是一系列用于基于几何形状识别数据中模式（形状）的技术，可以深入了解数据的固有结构。

❑ 讨论了深度学习。深度学习作为使用多层神经网络将表示学习与监督学习相结合的算法族，消除了对特定领域特征工程知识的依赖。

附录 A
本书网站和代码下载

从以下链接可以找到包含问答论坛、资源链接和更新信息：
http://www.clustermonkey.net/practical-data-science-with-hadoop-and-spark。
所有示例代码都可以在本书的 GitHub 页面上找到：
https://github.com/ofermend/practical-data-science-with-hadoop-and-spark。

HDFS 快速入门

本附录中的内容适用于那些对 Hadoop 分布式文件系统（HDFS）缺少经验或没有经验的人。以下内容旨在提供一些初步知识帮助读者熟悉 Apache Hadoop 命令。这不是对 HDFS 的完整描述，并且缺少许多重要的命令和功能。除了本附录内容之外，强烈建议参考以下两个资源：

❑ http://hadoop.apache.org/docs/stable1/hdfs_design.html。

❑ http://developer.yahoo.com/hadoop/tutorial/module2.html。

以下部分可作为快速熟悉 HDFS 命令的参考。请注意，每个命令都有其他备选命令，下面的例子只是简单的用例。

对 hdfs 命令的使用需求是因为 HDFS 文件系统不是用户本地的。 HDFS 在 Hadoop 集群上运行，由 NameNode（文件系统元数据节点）和一些 DataNode（数据实际存储在其中）组成。这种安排如图 B.1 所示。

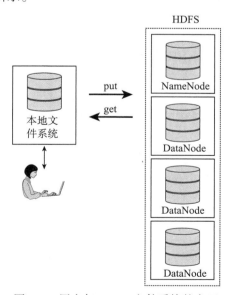

图 B.1　用户与 HDFS 文件系统的交互

快速命令解析

要与 HDFS 交互，必须使用 hdfs 命令。以下列出其可用参数。所有常规用户命令都使用 dfs 选项，下面将仅介绍其中的几个。

用法：hdfs [--config confdir] COMMAND

其中 COMMAND 是下列命令之一：

dfs 在 Hadoop 支持的文件系统上运行文件系统命令

namenode –format 格式化 DFS 文件系统

secondarynamenode 运行 DFS 辅助 NameNode

namenode 运行 DFS namenode

journalnode 运行 DFS 日志节点

zkfc 运行 ZK 故障切换控制器守护进程

datanode 运行 DFS 数据节点

dfsadmin 运行 DFS 管理客户端

haadmin 运行 DFS HA 管理客户端

fsck 运行 DFS 文件系统检查工具

balancer 运行集群平衡实用程序

jmxget 从 NameNode 或 DataNode 获取 JMX 导出的值

oiv 将离线 fsimage 查看器应用到 fsimage

oev 将离线编辑查看器应用于编辑文件

fetchdt 从 NameNode 获取委托令牌

getconf 从配置获取配置值

groups 得到用户所属的组

snapshotDiff 对目录的两个快照进行比较，或者将当前目录内容与快照进行比较

lsSnapshottableDir 列出当前用户拥有的所有快照的目录，使用 -help 查看选项

portmap 运行一个 portmap 服务

nfs3 运行 NFS 版本 3 的网关

大多数命令在被调用 w/o 参数时会打印帮助信息。

常用用户 HDFS 命令

HDFS 提供了一系列类似于标准 POSIX 文件系统中命令的命令。这些命令的列表可以通过发出以下命令找到。其中几个命令将在后面的小节中进行重点介绍。

```
$ hdfs dfs
```

```
Usage: hadoop fs [generic options]
        [-appendToFile <localsrc> ... <dst>]
        [-cat [-ignoreCrc] <src> ...]
        [-checksum <src> ...]
        [-chgrp [-R] GROUP PATH...]
```

```
[-chmod [-R] <MODE[,MODE]... | OCTALMODE> PATH...]
[-chown [-R] [OWNER][:[GROUP]] PATH...]
[-copyFromLocal [-f] [-p] <localsrc> ... <dst>]
[-copyToLocal [-p] [-ignoreCrc] [-crc] <src> ... <localdst>]
[-count [-q] <path> ...]
[-cp [-f] [-p] <src> ... <dst>]
[-createSnapshot <snapshotDir> [<snapshotName>]]
[-deleteSnapshot <snapshotDir> <snapshotName>]
[-df [-h] [<path> ...]]
[-du [-s] [-h] <path> ...]
[-expunge]
[-get [-p] [-ignoreCrc] [-crc] <src> ... <localdst>]
[-getmerge [-nl] <src> <localdst>]
[-help [cmd ...]]
[-ls [-d] [-h] [-R] [<path> ...]]
[-mkdir [-p] <path> ...]
[-moveFromLocal <localsrc> ... <dst>]
[-moveToLocal <src> <localdst>]
[-mv <src> ... <dst>]
[-put [-f] [-p] <localsrc> ... <dst>]
[-renameSnapshot <snapshotDir> <oldName> <newName>]
[-rm [-f] [-r|-R] [-skipTrash] <src> ...]
[-rmdir [--ignore-fail-on-non-empty] <dir> ...]
[-setrep [-R] [-w] <rep> <path> ...]
[-stat [format] <path> ...]
[-tail [-f] <file>]
[-test -[defsz] <path>]
[-text [-ignoreCrc] <src> ...]
[-touchz <path> ...]
[-usage [cmd ...]]

Generic options supported are
-conf <configuration file>     specify an application configuration file
-D <property=value>            use value for given property
-fs <local|namenode:port>      specify a namenode
-jt <local|jobtracker:port>    specify a job tracker
-files <comma separated list of files>    specify comma separated files to be
copied to the map reduce cluster
-libjars <comma separated list of jars>   specify comma separated jar files to
include in the classpath.
-archives <comma separated list of archives>    specify comma separated archives
to be unarchived on the compute machines.

The general command line syntax is
bin/hadoop command [genericOptions] [commandOptions]
```

在 HDFS 中列出文件

要列出根 HDFS 根目录中的文件，请输入以下内容：

```
$ hdfs dfs -ls /
```

```
Found 8 items
drwxr-xr-x   - hdfs    hdfs          0 2013-02-06 21:17 /apps
drwxr-xr-x   - hdfs    hadoop        0 2014-01-01 14:17 /benchmarks
drwx------   - mapred  hdfs          0 2013-04-25 16:20 /mapred
```

```
drwxr-xr-x   - hdfs    hdfs          0 2013-12-17 12:57 /system
drwxrwxr--   - hdfs    hadoop        0 2013-11-21 14:07 /tmp
drwxrwxr-x   - hdfs    hadoop        0 2013-10-31 11:13 /user
drwxr-xr-x   - doug    hdfs          0 2013-10-11 16:24 /usr
drwxr-xr-x   - hdfs    hdfs          0 2013-10-31 21:25 /yarn
```

要列出用户 Home 目录（主目录）中的文件，请输入以下内容：

```
$ hdfs dfs -ls
```

```
Found 16 items
drwx------   - doug hadoop          0 2013-04-26 02:00 .Trash
drwxr-xr-x   - doug hadoop          0 2013-10-16 20:25 DistributedShell
-rw-------   3 doug hadoop        488 2013-04-24 16:01 NOTES.txt
drwxr-xr-x   - doug hadoop          0 2013-11-21 14:34
QuasiMonteCarlo_1385061734722_747204430
drwxr-xr-x   - doug hadoop          0 2014-01-02 12:48 TeraGen
drwxr-xr-x   - doug hadoop          0 2014-01-01 16:31 TeraGen-output
-rw-------   3 doug hadoop 1083049567 2013-02-07 01:10 acces_log
drwx------   - doug hadoop          0 2013-04-25 15:01 bin
-rw-r--r--   3 doug hadoop         31 2013-10-16 17:09 ds-test.sh
drwxr-xr-x   - doug hadoop          0 2013-04-25 15:44 id.out
-rw-------   3 doug hadoop       2246 2013-04-25 15:43 passwd
drwxr-xr-x   - doug hadoop          0 2013-05-14 17:07 test
drwxr-xr-x   - doug hadoop          0 2013-05-14 17:23 test-output
drwx------   - doug hadoop          0 2013-05-15 11:21 war-and-peace
drwxr-xr-x   - doug hadoop          0 2013-02-06 15:14 wikipedia
drwxr-xr-x   - doug hadoop          0 2013-08-27 15:54 wikipedia-output
```

执行以下命令可以得到相同的结果：

```
$ hdfs dfs -ls /user/doug
```

在 HDFS 中创建一个目录

要在 HDFS 中创建目录，请使用以下命令。与 -ls 命令一样，当不提供路径时，使用用户主目录（即 /users/doug）。

```
$ hdfs dfs -mkdir stuff
```

将文件复制到 HDFS

要将文件从当前本地目录复制到 HDFS，请使用以下命令。再次注意，如果缺少一个完整的路径，则表示默认使用主目录。在这种情况下，文件 test 被放置在之前创建的目录中。

```
$ hdfs dfs -put test stuff
```

文件传输可以通过使用 -ls 命令来确认：

```
$ hdfs dfs -ls stuff
```

```
Found 1 items
-rw-r--r--   3 doug hadoop          0 2014-01-03 17:03 stuff/test
```

从 HDFS 复制文件

可以使用以下方法将文件复制回本地文件系统。在这种情况下，我们复制到 HDFS 的

test 文件将被复制回当前本地目录，名称为 test-local。

```
$ hdfs dfs -get stuff/test test-local
```

在 HDFS 中复制文件
以下命令将复制 HDFS 中的文件。

```
$ hdfs dfs -cp stuff/test test.hdfs
```

在 HDFS 中删除文件
以下命令将删除前面创建的 HDFS 文件 test.dhfs。

```
$ hdfs dfs -rm test.hdfs

Deleted test.hdfs
```

在 HDFS 中删除一个目录
以下命令将删除 HDFS 目录内容及其所有内容。

```
$ hdfs dfs -rm -r stuff

Deleted stuff
```

获取 HDFS 状态报告（管理员）
通过输入以下命令（输出被截断），可以获取状态报告，类似于 Web GUI 上概述的内容。

```
$ hdfs dfsadmin -report

14/01/03 16:24:17 WARN util.NativeCodeLoader: Unable to load native-hadoop library
for your platform... using builtin-java classes where applicable
Configured Capacity: 747576360960 (696.23 GB)
Present Capacity: 675846991872 (629.43 GB)
DFS Remaining: 302179352576 (281.43 GB)
DFS Used: 373667639296 (348.01 GB)
DFS Used%: 55.29%
Under replicated blocks: 13
Blocks with corrupt replicas: 0
Missing blocks: 0

-----------------------------------------------
Datanodes available: 4 (4 total, 0 dead)

Live datanodes:
 .
 .
 .
```

在 HDFS 上执行 FSCK（管理员）
可以使用 fsck（filesystem check）选项来检查 HDFS 的健康状况。

```
$ hdfs fsck /

Connecting to namenode via http://headnode:50070
```

```
FSCK started by hdfs (auth:SIMPLE) from /10.0.0.1 for path / at Fri Jan 03
16:32:16 EST 2014
Status: HEALTHY
 Total size:      110594648065 B
 Total dirs:      311
 Total files:     528
 Total symlinks:              0
 Total blocks (validated):     1341 (avg. block size 82471773 B)
 Minimally replicated blocks:  1341 (100.0 %)
 Over-replicated blocks:       0 (0.0 %)
 Under-replicated blocks:      13 (0.9694258 %)
 Mis-replicated blocks:        0 (0.0 %)
 Default replication factor:   3
 Average block replication:    2.9888144
 Corrupt blocks:               0
 Missing replicas:             78 (1.9089574 %)
 Number of data-nodes:         4
 Number of racks:              1
FSCK ended at Fri Jan 03 16:32:16 EST 2014 in 74 milliseconds
```

数据科学、Apache Hadoop 和 Spark 的补充背景知识

下面是书中提到的各种主题附加资源的简要清单。

Hadoop/Spark 基础信息

❑ Apache Hadoop 网站：http://hadoop.apache.org

❑ Apache Spark 网站：http://spark.apache.org/

❑ Apache Hadoop 文档网站：http：//hadoop.apache.org/docs/current/ index.html

❑ Wikipedia: http://en.wikipedia.org/wiki/Apache_Hadoop

❑ Eadline, Douglas. *Hadoop 2 Quick-Start Guide: Learn The Essentials of Big Data Computation in the Apache Hadoop2 Ecosystem.* Boston, MA: Addison-Wesley, 2015. http://www.informit.com/store/hadoop-2-quick-start-guide-learn-the-essentials-of-9780134049946

❑ Gates, Alan. *Programming Pig.* Sebastopol, CA: O'Reilly & Associates, 2012. https://www.amazon.com/Programming-Pig-Alan-Gates/dp/1449302645

❑ Capriolo, Edward, Wampler, Dean, and Rutherglen, Jason. *Programming Hive.* Sebastopol, CA: O'Reilly & Associates, 2012. https://www.amazon.com/Programming-Hive-Edward-Capriolo/dp/1449319335/ref=pd_sbs_14_t_1?ie=UTF8&psc=1&refRID=7B5KSFHC3NJ114N8N6W2

❑ Karau, Konwinski, Wendell and Zaharia. *Learning Spark: Lightning-Fast Big Data Analysis.* Sebastopol, CA: O'Reilly & Associates, 2015

❑ Eadline, Douglas. *Hadoop Fundamentals LiveLessons, 2nd Edition.* Boston, MA: Addison-Wesley, 2014. http://www.informit.com/store/hadoop-fundamentals-livelessons-video-training-9780134052403

Hadoop/Spark 安装指南
有关安装方法的更多信息和背景知识可以从以下资源中找到：
- ❏ Apache Hadoop XML 配置文件描述
  - ○ https://hadoop.apache.org/docs/stable/（滑到 Configuration 的左下方）
- ❏ 官方 Hadoop 源及支持的 Java 版本
  - ○ http://www.apache.org/dyn/closer.cgi/hadoop/common/
  - ○ http://wiki.apache.org/hadoop/HadoopJavaVersions
- ❏ Oracle VirtualBox
  - ○ https://www.virtualbox.org
- ❏ Hortonworks Hadoop Sandbox（虚拟机上的 Hadoop）
  - ○ http://hortonworks.com/hdp/downloads
- ❏ Ambari 项目页
  - ○ https://ambari.apache.org/
- ❏ Ambari 安装指南
  - ○ http://docs.hortonworks.com/HDPDocuments/Ambari-1.7.0.0/Ambari_Install_v170/Ambari_Install_v170.pdf
- ❏ Ambari 故障排除指南
  - ○ http://docs.hortonworks.com/HDPDocuments/Ambari-1.7.0.0/Ambari_Trblshooting_v170/Ambari_Trblshooting_v170.pdf
- ❏ Apache Whirr 云工具
  - ○ https://whirr.apache.org
- ❏ Apache Spark 安装指南
  - ○ http://spark.apache.org/docs/latest

HDFS
- ❏ HDFS 背景知识
  - ○ http://hadoop.apache.org/docs/stable1/hdfs_design.html
  - ○ nhttp://developer.yahoo.com/hadoop/tutorial/module2.html
  - ○ nhttp://hadoop.apache.org/docs/stable/hdfs_user_guide.html
- ❏ HDFS 用户命令
  - ○ http://hadoop.apache.org/docs/stable/hadoop-project-dist/hadoop-hdfs/HDFSCommands.html
- ❏ HDFS Java 编程
  - ○ http://wiki.apache.org/hadoop/HadoopDfsReadWriteExample
- ❏ HDFS 中用 C 语言做 libhdfs 编程

❍ http://hadoop.apache.org/docs/stable/hadoop-project-dist/hadoop-hdfs/LibHdfs.html

MapReduce

❏ https://developer.yahoo.com/hadoop/tutorial/module4.html（基于 Hadoop 版本 1，但依然是良好的 MapReduce）

❏ http://en.wikipedia.org/wiki/MapReduce

❏ http://research.google.com/pubs/pub36249.html

Spark

❏ Apache Spark 快速入门

  ❍ http://spark.apache.org/docs/latest/quick-start.html

核心工具

❏ Apache Pig 脚本语言

  ❍ http://pig.apache.org/

  ❍ http://pig.apache.org/docs/r0.14.0/start.html

❏ Apache Hive SQL 样式查询语言

  ❍ https://hive.apache.org/

  ❍ https://cwiki.apache.org/confluence/display/Hive/GettingStarted

  ❍ http://grouplens.org/datasets/movielens（数据示例）

❏ Apache Sqoop 关系数据库导入导出

  ❍ http://sqoop.apache.org

  ❍ http://dev.mysql.com/doc/world-setup/en/index.html（数据示例）

❏ Apache Flume 流数据处理及传输工具

  ❍ https://flume.apache.org

  ❍ https://flume.apache.org/FlumeUserGuide.html

❏ Apache Oozie 工作流管理器

  ❍ http://oozie.apache.org

  ❍ http://oozie.apache.org/docs/4.0.0/index.html

机器学习

❏ Hastie, Trevor, Tibshirani, Robert, and Friedman, Jerome. *Elements of Statistical Learning.* http://statweb.stanford.edu/~tibs/ElemStatLearn/

❏ Leskovic, Jure, Rajaraman, Anand, and Ullman, Jeffrey. *Mining Massive Datasets.* http://infolab.stanford.edu/~ullman/mmds/book.pdf

❏ Goodfellow, Ian, Bengio, Yoshua, and Courville, Aaron. (In press) *Introduction to Deep Learning.* Cambridge, MA: MIT Press, 2017. http://www.deeplearningbook.org/

❏ Smola, Alex and Vishwanathan, S.V.N. *Introduction to Machine Learning.* New York: Cambridge University Press, 2008. http://alex.smola.org/drafts/thebook.pdf

❑ Murphy, Kevin. *Machine Learning: A Probabilistic Perspective.* Cambridge, MA: MIT Press, 2012. https://www.amazon.com/Machine-Learning-Probabilistic-Perspective-Computation/dp/0262018020/ref=zg_bs_3894_4Book: Data-Intensive Text Processing with MapReduce. Jimmy Lin and Chris Dyer. University of Maryland, College Park. Manuscript prepared April 11, 2010. https://lintool.github.io/MapReduceAlgorithms/

❑ 机器学习在线课程：http://ciml.info/

❑ 吴恩达的机器学习网课：https://www.coursera.org/learn/machine-learning

❑ 在线 NLP 课程：http://www.cs.columbia.edu/~mcollins/notes-spring2013.html